本书得到山西省水利科学技术研究与推广项目的支持
（合同编号：FHEK-FWDB-1921，FHEK-FWDB-1921-01）

碾压混凝土坝渗流机制及预警指标研究

王润英　周永红　方卫华　原建强◎著

河海大学出版社
·南京·

图书在版编目(ＣＩＰ)数据

碾压混凝土坝渗流机制及预警指标研究／王润英等著．－－南京：河海大学出版社，2022.10
 ISBN 978-7-5630-7724-3

Ⅰ．①碾… Ⅱ．①王… Ⅲ．①碾压土坝－混凝土坝－渗流－研究 Ⅳ．①TV642.2

中国版本图书馆 CIP 数据核字(2022)第 181498 号

书　　名	碾压混凝土坝渗流机制及预警指标研究
书　　号	ISBN 978-7-5630-7724-3
责任编辑	卢蓓蓓
特约编辑	李　阳
责任校对	张心怡
封面设计	徐娟娟
出版发行	河海大学出版社
地　　址	南京市西康路 1 号(邮编：210098)
电　　话	(025)83737852(总编室)　(025)83722833(营销部)
经　　销	江苏省新华发行集团有限公司
排　　版	南京布克文化发展有限公司
印　　刷	苏州市古得堡数码印刷有限公司
开　　本	710 毫米×1000 毫米　1/16
印　　张	12.75
字　　数	236 千字
版　　次	2022 年 10 月第 1 版
印　　次	2022 年 10 月第 1 次印刷
定　　价	68.00 元

前言

我国拥有数量众多的混凝土重力坝和拱坝,其中有不少是碾压混凝土坝。我国于 1993 年建成了当时世界上最高的坝——高 75 米的普定碾压混凝土重力拱坝,1996 年建成了世界上第一座厚高比为 0.19 的薄拱坝,2001 年建成了世界上最高的坝高为 132 米的沙牌碾压混凝土重力拱坝和厚高比 0.17、坝高 80 米的龙首碾压混凝土双曲拱坝。在碾压混凝土重力坝中比较知名的大坝有龙滩、观音阁、桃林口、江垭等。

从实际运行情况来看,一些碾压混凝土大坝存在廊道渗流过大甚至积水等问题,为此,对廊道技术问题进行深入研究不仅对确保工程安全运行具有十分重要的意义,也对水工环境下固-液-热多场耦合作用下的渗流机理具有重要的启发。另一方面,随着数字孪生、智慧水利工程建设的不断推进,实现包括廊道积水预警在内的大坝安全管理措施具有十分重要的意义。为此,本书以实际工程为背景,结合现代传感器技术对廊道内的预警系统设计进行了深入研究,提出了一整套解决方案。考虑到数字孪生工程和数字孪生流域建设领域当前还缺乏一本深入研究且操作性强的专业书籍,本书最后两章对数字孪生工程和数字孪生流域建设进行了系统研究,给出了部分研究成果。

本书共分十章,前七章以汾河二库碾压混凝土重力坝廊道积水问题为导向,综合应用实测数据分析和数值模拟分析技术对廊道积水的影响因素和敏感性进行系统深入的研究,第八章给出了相关研究结论。本书第九章对数字孪生工程建设进行了系统研究,突出了关键模型库和方法库;第十章给出了数字孪生流域建设的模型和方法体系。最后两章为今后的数字孪生工程和流域建设工作提供参考。

本书是河海大学和山西省汾河二库管理局合作研究的部分成果,感谢山西省水利科学技术研究与推广项目(合同编号:FHEK-FWDB-1921,FHEK-FWDB-1921-01)的支持!

由于本书涉及的理论和实践都比较新颖,加上作者水平有限,缺点和错误在所难免,恳请内行专业人士批评指正!

作者

2021年12月8日

目录

1 概述 ·· 001
  1.1 研究目的 ·· 001
  1.2 研究的关键要素 ·· 002
    1.2.1 主要研究内容 ·· 002
    1.2.2 解决的关键问题 ·· 003
    1.2.3 技术难点及创新点 ·· 003
  1.3 国内外研究现状 ·· 004
    1.3.1 碾压混凝土坝廊道渗流分析 ·· 004
    1.3.2 大坝材料与结构多场耦合研究 ······································ 005
    1.3.3 积水监测方法 ·· 008

2 工程概况 ·· 011
  2.1 工程特性表 ·· 011
  2.2 工程基本情况 ·· 015
  2.3 大坝除险加固前工程完成情况 ·· 019
    2.3.1 固结灌浆工程 ·· 019
    2.3.2 帷幕灌浆工程 ·· 019
    2.3.3 坝基接触灌浆 ·· 020
    2.3.4 并缝灌浆 ·· 020
    2.3.5 坝体排水 ·· 020
    2.3.6 坝基抽排系统 ·· 020
  2.4 大坝除险加固实施方案 ·· 020

        2.4.1 灌浆工程 ··· 021
        2.4.2 廊道自动排水系统 ··· 023

3 汾河二库大坝质量检测资料分析 ··· 024
    3.1 大坝混凝土工程质量 ··· 024
        3.1.1 混凝土的原材料及质量检测 ··· 024
        3.1.2 混凝土配合比 ·· 030
        3.1.3 混凝土施工质量检测 ·· 030
        3.1.4 混凝土的缺陷及处理 ·· 037
    3.2 大坝层间结合及分缝特征 ··· 038
        3.2.1 大坝下游 ··· 039
        3.2.2 大坝廊道 ··· 041
    3.3 大坝施工灌浆情况分析 ·· 045
    3.4 小结 ··· 047

4 汾河二库大坝实测廊道渗流监测资料分析 ·· 050
    4.1 渗流监测项目与布置 ··· 050
        4.1.1 扬压力监测 ·· 050
        4.1.2 渗流量监测 ·· 052
    4.2 渗流监测资料整理检验及修正 ·· 053
        4.2.1 扬压力 ··· 053
        4.2.2 渗流量 ··· 060
        4.2.3 廊道壁渗流量 ··· 061
    4.3 渗流量时间过程及特征值分析 ·· 061
        4.3.1 绕坝渗流历史测值评价 ·· 062
        4.3.2 测点渗流量 ·· 063
        4.3.3 上游水位、温度渗流量历史关系过程线 ····························· 066
        4.3.4 渗流量相关性分析 ·· 068
    4.4 小结 ··· 076

5 多场耦合数值计算方法 ·· 078
    5.1 渗流场、应力场和温度场多场耦合分析 ····································· 078
        5.1.1 渗流场与应力场耦合 ··· 078

5.1.2　温度场与渗流场耦合 ·················· 079
　　　5.1.3　温度场与应力场耦合 ·················· 080
　5.2　基于双重介质的三场耦合模型 ··············· 081
　　　5.2.1　数学模型建立 ························· 081
　　　5.2.2　模型的数值解法 ······················· 086
　5.3　模型在 COMSOL Multiphysics 中的实现 ········· 087
　　　5.3.1　计算软件选择 ························· 087
　　　5.3.2　软件二次开发 ························· 089

6　汾河二库廊道积水机理研究 ·················· 093
　6.1　有限元模型 ······························· 093
　　　6.1.1　计算坐标系 ··························· 093
　　　6.1.2　几何模型与有限元网格 ················· 093
　6.2　计算参数 ································· 095
　　　6.2.1　材料参数 ····························· 095
　　　6.2.2　气温 ································· 096
　　　6.2.3　水温 ································· 097
　　　6.2.4　裂缝宽度 ····························· 098
　6.3　计算工况 ································· 100
　6.4　有限元成果分析 ··························· 100
　　　6.4.1　工况1和工况2对比 ···················· 100
　　　6.4.2　工况3和工况4对比 ···················· 104
　　　6.4.3　工况5和工况6对比 ···················· 107
　　　6.4.4　计算值与实测值对比分析 ··············· 112
　6.5　积水成因分析 ····························· 113

7　廊道积水预警方法研究 ······················ 115
　7.1　监测方法选择 ····························· 115
　　　7.1.1　基于接触式积水监测的方法 ············· 117
　　　7.1.2　基于非接触式积水监测的方法 ··········· 120
　　　7.1.3　基于图像识别的监测方法 ··············· 122
　　　7.1.4　监测方法确定 ························· 123
　7.2　预警方法建立 ····························· 126

         7.2.1 数据采集模块选型 …………………………………… 126
         7.2.2 数据接收模块选型 …………………………………… 128
         7.2.3 数据传输模块选型 …………………………………… 128
         7.2.4 报警装置选型、计算机终端 ………………………… 129
         7.2.5 软件设计 ……………………………………………… 129
         7.2.6 廊道积水预警方法 …………………………………… 137
    7.3 小结 ………………………………………………………………… 141

8 结论与建议 ……………………………………………………………… 142
    8.1 结论 ………………………………………………………………… 142
    8.2 建议 ………………………………………………………………… 143

9 基于数字孪生的水库管理一体化平台研究 …………………………… 144
    9.1 概述 ………………………………………………………………… 144
    9.2 平台搭建的基本要求 ……………………………………………… 145
         9.2.1 数据收集与数据底板建设 …………………………… 145
         9.2.2 模型分类及建模技术选择 …………………………… 154
         9.2.3 知识梳理与知识库构建 ……………………………… 167
    9.3 配套感知设施建设与完善 ………………………………………… 182
         9.3.1 大坝和边坡安全监测设施 …………………………… 183
         9.3.2 信息分析处理设施提挡升级 ………………………… 183
    9.4 日常管理及"四预" ……………………………………………… 183
         9.4.1 日常管理 ……………………………………………… 183
         9.4.2 预报 …………………………………………………… 184
         9.4.3 预警 …………………………………………………… 185
         9.4.4 预演业务 ……………………………………………… 187
         9.4.5 预案 …………………………………………………… 189
    9.5 结论与建议 ………………………………………………………… 190

参考文献 …………………………………………………………………… 191

1 概述

1.1 研究目的

汾河二库位于山西省太原市上游,该水库的安全运转对于太原市人民生命财产安全具有十分重要的意义。汾河二库大坝建成后,因其自身的历史因素,坝体、坝肩固结及帷幕注浆尚未完工,在冬季时廊道渗水现象严重。针对渗水现象,汾河二库在2014年开展了应急专项除险加固工程建设,主要工程内容有:坝尾F10段连续墙进行加固灌浆、左岸岩基固结灌浆、帷幕灌浆、右坝肩前帷幕灌浆、右坝肩下游帷幕灌浆、坝基接触灌浆、坝体并缝灌浆、廊道排水系统的自动化改造。但在除险加固处理后渗水现象依然存在,其成因和预警方法一直困扰着设计、施工和运行管理人员。

由于水库的异常渗水现象,水库只能保持在限制水位 899.35 m 运行,使得水库库容仅为 8 000 万 m^3,年发电量达 252 万 kW·h,年供水量 24 883.04 万 m^3,水库的经济社会效益不能得以正常实现。由于汾河二库位处太原市西部,水资源较为匮乏,因此揭示廊道渗水机理,提出廊道积水预警方法,为将来分析廊道积水对大坝安全的影响,最终使得水库水位达到 905.7 m 的设计正常蓄水位,水库库容达到 10 732 万 m^3,实现水库的正常运行,充分发挥水库的供水、发电、调洪、灌溉等功能,是十分必要的。

汾河二库大坝是建立在深厚覆盖层上的碾压混凝土重力坝,对于工程中碾压混凝土重力坝的坝体结构以及灌浆和防渗墙加固结构应采用高精度的数值模拟方法,来对不同工况下的各类复杂边界条件和材料进行建模。为及时了解廊道积水情况,实现积水信息实时感知和及时报警,有必要对廊道积水预警方法进行研究。目前已有较完善的渗流-应力耦合模型及其有限元求解应用于各类工程之中,但是渗流-应力耦合模型并没有考虑温度的耦合作用,极端天气下的水库大坝工程其温度变幅较大,渗流-应力耦合模型考虑得仍不够全面,不能准确地描述及模拟其工作性态。所以在同时考虑温度场的影响作用后,产生了能够更全面描述工程耦合运行性态的渗流-应力-温度三场耦合理论。关于大坝材料与结构多场耦合问题,目前大多为单一介质研究,考虑多重介质的多场耦合的研究却鲜有文献。在有裂隙的岩体中,传统的离散介质和连续介质大多不能准确地描述裂隙岩体的三场耦合作用,而基于双重介质(孔隙-裂隙)的三场耦合模型能够更准确地模拟裂隙岩体中的渗流以及传热情况。

对于汾河二库碾压混凝土大坝,裂缝是其运行过程中不可忽略的因素,因此需在考虑双重介质的情况下建立汾河二库的三场耦合模型,以求能够真实还原汾河二库大坝的实际运行工作环境,从而更精确地去研究混凝土大坝的坝体及廊道的渗水漏水原因,探究廊道积水成因。继而建立适合汾河二库大坝廊道积水的预警方法。

1.2 研究的关键要素

1.2.1 主要研究内容

主要研究内容包括:

(1) 分析碾压混凝土重力坝渗水及其数值建模研究现状,根据多场耦合研究以及数值模拟软件研究进展,确定本项目所使用的数值模拟的多场耦合分析软件,分析积水监测方法及其适用性现状。

(2) 分析汾河二库大坝廊道实测渗流数据,通过 SPSS26 软件进行统计学分析。采用双变量相关性的方法分析上游水位和气温与渗流量的相关性,并建立渗流量的统计模型开展非线性回归分析,确定渗流量的影响因素。

(3) 通过分析混凝土渗流、应力和温度多场耦合的作用机制,建立混凝土渗流-应力-温度三场耦合控制方程。建立适合碾压混凝土重力坝特征的孔隙-裂隙双重介质渗流-应力-温度三场耦合模型,研究其在有限元软件 COMSOL Multiphysics 中的实现方法。

(4) 采用多场耦合有限元软件 COMSOL Multiphysics 建立汾河二库溢流坝三维有限元模型,分析其在夏季与冬季的工作性态,研究重力坝廊道在渗流-应力-温度三场耦合作用下的渗流量变化规律,研究廊道产生积水的主要机理。

(5) 依据汾河二库重力坝廊道内部环境与积水特征,通过对比各类积水监测方法可行性，提出适用于汾河二库重力坝廊道的积水监测方法，并建立廊道积水的监测预警方法。

1.2.2 解决的关键问题

（1）三场耦合力学模型的建立

针对碾压混凝土坝裂缝接缝渗流和坝体渗流等各向异性情况，从本构方程、质量守恒方程和动量守恒方程出发，建立符合汾河二库大坝工程实际的多场耦合力学模型，提出完整的定解条件。探清温度和裂隙宽度的关系，多孔介质的渗透系数及渗透率，提出基于混凝土有效应力原理的渗流与平衡方程的方法，得出廊道积水的主要成因及影响因素。进行混凝土坝内非达西渗流在三场耦合方程中的应用。

（2）三维有限元列式

根据加权残值法、变分原理，通过上述力学模型的弱形式建立有限元方程，进行廊道动态积水条件下构成动态逸出边界条件的廊道渗水量的数值模拟。根据廊道渗出水量对上下游水位、温度等的敏感性分析，提取廊道积水的敏感因素，从而揭示廊道积水机理。

（3）应用软件选择

根据上述三维有限元列式研究适合条件的应用计算软件，选择 COMSOL Multiphysics 多场耦合有限元软件。解决三维模型导入和数据导出相关流程，研究多场耦合模型的二次开发。

（4）廊道积水监测方案优化

根据廊道内仪器设备的工作条件、长期耐久性和恶劣环境下的稳定性要求、精确性要求和积水深度及速度变化等要素，通过比较各类积水或水深监测技术、通讯组网技术以及可靠性理论与方法，建立廊道积水监测的实用自动化方案。包括仪器选型、技术指标、通讯组网方式以及可靠性设计等。

1.2.3 技术难点及创新点

（1）考虑裂缝宽度和材料渗透受温度和应力变化影响条件下真实碾压混凝土坝多场耦合力学模型的建立；考虑了碾压混凝土重力坝真实条件下的物性方程和有效应力原理，修正达西定律。

（2）多场耦合优化三维有限元数值模型的建立及其精确性分析，包括前后处理和大型方程组的高精度稳定解法；解决利用多场耦合有限元本质边界条件特别是出溢边界条件的施加问题，实现廊道积水条件下渗出水量的动态模拟。

(3) 应用软件的选择和适用性论证,如双重介质多场耦合的 COMSOL Multiphysics 的物理接口实现,介质参数模拟的适用性,各个物理场之间耦合的设置。

(4) 廊道积水长期高灵敏度监测网络设计,包括封闭环境下的信号选择、受水位变化幅度影响的适配传感器选择、在廊道环境内合适组合监测方法选择等。

1.3 国内外研究现状

1.3.1 碾压混凝土坝廊道渗流分析

我国对碾压混凝土的施工技术研究始于 1978 年,并在 1983 年—1985 年间在铜街、沙溪口段等地区进行了部分碾压混凝土的现场应用。福建省大田县于 1986 年建成了全国首个坑口碾压混凝土重力坝,高 56.8 m。之后又建成了龙门滩、荣地、生桥二级、岩滩、万安等碾压混凝土重力坝。

我国先后完成了"七五""八五"和"九五"三次国家级科技攻关,得到了大量研究结果,使碾压混凝土在水利领域的运用有了很大的进展。自 20 世纪 90 年代起,碾压混凝土筑坝技术进入飞速发展时期。目前,国内已经竣工的碾压混凝土坝有 70 余个,同时还有大量的在建工程,在施工中积累了大量的经验。尤其是龙滩水电站的竣工,标志着我国的碾压混凝土坝技术达到 200 m 台阶。

在已完成的碾压混凝土坝工程中,有一些工程处于病险状态或需要进行除险、加固处理,其主要问题有:防洪不安全、坝体渗流不安全、坝体结构不安全、抗震不安全、输水和排涝建筑物不安全、金属机械和机械装置不安全、管理设施不完善等。在这些问题中,大坝渗流问题是碾压混凝土坝的常见问题。相关的专家和学者也就这一问题进行了多种探讨。

祁立友等[1]根据桃林口水库的渗漏监测数据,归纳出大坝渗水的一般特征,再综合考虑坝前裂缝统计结果,得出导致大坝渗漏的主要原因,指导了后续将进行的防渗处理。袁自立等[2]依据石漫滩碾压混凝土重力坝渗流异常现象,针对坝体渗流场的实际情况,对实测数据进行了较为全面的分析,采用有限元方法对渗流场进行了正、反演,结果表明:该坝段的等效渗透系数不符合目前的设计标准,且由于坝身多点渗水、渗漏量增大,故应尽早进行除险、强化,以保证工程的安全性。李荣等[3]研究了思林水电站碾压混凝土重力坝,使用 ANSYS 建立整体坝段与坝基相互作用模型并进行典型坝段的渗流计算,得出其坝体渗透特性以及原因。孙亮[4]针对龙华河水电站的渗流情况,对其建设和运行阶段进行安全评价,研究了不同类型的渗流控制方法来求解渗流场;通过对碾压混凝土渗透性能的分析,结合碾压混凝土大坝的渗透特征,构建了适用于碾压混凝土大坝的三维渗流数学模型,并进行了相应的检验与评估。叶永等[5]使用 COMSOL Multiphysics 软件进行混凝土重力坝断面二维建模,研究渗流-应力双场耦合,选用软件预置的结构力学与 Richards 方程模块,采用混合边界法计算渗流自由面,并将其与未考虑耦合的情况相比较,探讨了在正常蓄水条件下渗流场与应力场的耦合效应。王静[6]建立了等壳水电站的准三维有限元模型,选取挡水坝段进行其坝体及坝基排水管和排水廊道、坝前后防渗层以及坝基灌浆帷幕等的模拟,计算了正常蓄水位工况下的总水头、压力水头、渗透坡降、扬压力分布及渗流量并进行分析,肯定了坝体和坝基的防渗排水措施的作用。

通过以上综述可以发现,前人专家学者结合工程实例从理论上对渗流进行了多方面的分析,很好地指导了实践中的渗流防控工作。先建立碾压混凝土坝有限元模型,然后采用有限元软件进行三维渗流场的模拟和分析求解。但是我们发现关于其他物理因素对渗流场影响的研究较少。目前通过综合考虑温度场、渗流场、应力场建立 THM(Thermal-Hydraulic-Mechanical,简称 THM)三场耦合模型来研究渗流是一个热点研究方向。本研究以山西省汾河二库大坝工程为背景,利用 COMSOL Multiphysics 有限元软件建立三场耦合模型对该工程渗流问题进行分析,以研究坝体廊道积水机理。

1.3.2 大坝材料与结构多场耦合研究

耦合不是物理场的简单迭加,而是多个物理场之间的相互作用影响,耦合研究最初是 20 世纪中期用于分析因水库引起的地震,现已用于各类工程之中。关于温度场、渗流场、应力场三场的耦合方式,可以分为直接耦合和间接耦合两类。直接耦合法是将三场直接耦合,不进行三场间的反复迭代;间接耦合法又称贯序耦合,是目前渗流-应力-温度耦合模型所采用的主要方式,间接耦合法将各物理场进行相互迭代耦合,迭代收敛时得出解[7]。关于双场和多场耦合的模型,大量学者已经做了不少研究。

(1) 多孔介质的耦合研究

混凝土与岩石属于多孔介质,二者分别为水利工程中重力坝的主要建筑材料与地基构成材料,国内外众多学者对这两种材料做了深入的研究。王萍等[8]考虑了岩石的流变特性和细微缺陷造成的材料损伤,模拟了岩石耦合过程中的演化扩展,采用半透膜渗透理论,基于有效应力原理建立了泥页岩岩石应力-化学-渗流三场耦合模型。在温度-应力(Thermal-Mechanical,简称 TM)耦合方面,已有许多学者通过物理试验、数值模拟和分析等方法进行了相关的研究。李哲[9]通过物理试验,对岩体在温度-应力耦合条件下的单轴压缩、三轴压缩和蠕变特性进行了分析;南建林[10]建立了混凝土在温度-应力耦合作用下的本构关系,并通过试验验证了其合理性;邵保平[11]研究了层状盐岩在温度-应力耦合作用下的蠕变特性;李连崇[12]研究了岩样加热过程中的破坏过程,得出材料热传导系数和线膨胀系数会在破坏过程中产生不均匀性,并会导致应力集中;于庆磊[13]用数字图像处理技术描述岩体非均匀细观结构,并将结果应用于数值模拟建模;左建平[14,15]以最小耗能原理推导了热力耦合作用下深部岩石的屈服破坏准则,分析了热力耦合作用下砂岩的抗拉强度变化;Zhi-guo Yan[16]研究了高温下的钢筋混凝土及力学性能;Hans[17]研究了温度对结晶岩和沉积岩热参数的作用;A. Ghassemi[18]研究了应用于热力耦合问题的边界单元法。

各国学者从不同的角度,对 TM 耦合进行了较为全面的论述,为今后的工作打下了坚实的理论基础。吴星辉等[19]总结了常用的 TM 耦合模型以及其数值分析方法和适用条件,阐述了在温度场影响下岩石力学参数的变化特征,分析了目前岩石热损伤研究中存在的一些局限性。

20 世纪 80 年代以来,随着对放射性废物的处置和地热的发展,人们对温度-渗流-应力耦合问题越来越重视。THM 的耦合模式中三种物理场的建立需要基于 TM 和渗流-应力(Hydraulic-Mechanical,简称 HM)耦合的结果,但比 TM 和 HM 耦合问题要复杂得多。要对 THM 的耦合模型进行分析,必须先确定耦合方式,再确定耦合的基本条件,并以耦合方式为导向,通过耦合方式,求解各个场的耦合控制方程,从而实现 THM 耦合的建模。

关于 THM 的耦合模型,当前已经有一些学者就其研究的重点进行了讨论,学者们对具体的耦合作用模式提出了自己的想法。Hart 等建立了图 1-1 所示的耦合作用模式。

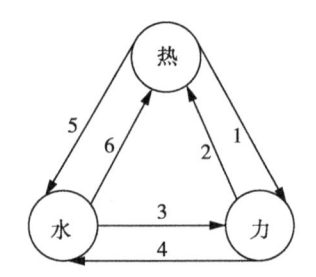

图 1-1 THM 耦合作用模式图

在由不同学者所建立的 THM 耦合模型中,由 1~6 表示的耦合效应并不完全一致,归纳总结如下:过程 1 表示热源改变引起的热应力及温度对材料参数的影响;过程 2 表示因应力变形对材料热力学参数的影响以及应力活动引起的热量;过程 3 为水流活动引起水压力、渗透力和材料含水率的变化从而影响其力学性能;过程 4 表示应力应变以及开裂等影响渗透率;过程 5 表示温度改变引起的材料渗透性和流体性质的改变;过程 6 表示水流活动引起的热传导及热对流。

瑞典学者 Jing[20]提出了较为系统的岩体 THM 耦合作用模型来研究放射性核废料处理问题;黄涛[21]以场性能等效原则建立了 THM 耦合的简单数学模型;Qingfeng Tao[22]通过分析 THM 耦合作用下钻井孔的稳定性,发现在不计温度的情况下,将会过高估计岩体的强度;Fuguo Tong[23]考虑了流体密度的变化以及饱和度和孔隙率引起的渗透系数变化,分析了膨胀土的 THM 耦合作用,并与实验数据进行了比较,以检验此模式是否可靠;Rutqvist[24]建立了 THM 耦合各物理场的控制方程;Y Zhou[25]求解了 THM 耦合的理论和数值解,分析了在热胀、热对流、孔隙率变化及饱和度等因素的作用下岩石的渗透压力、位移及温度的分布变化。

(2) 多重介质的耦合研究

经典的裂缝渗流理论将天然分散的多孔介质看作是一个连续的介质,它是以具有表征的单位构成的一个连续的介质来进行计算的[26]。1959 年法国的 Malpasset 拱坝发生溃坝,1963 年意大利的 Vajiont 拱坝出现严重的滑坡,两者都与人们对裂缝渗流的理解不足有关。在这一背景下,国内外学者对此提高重视,并进行了许多关于裂缝岩石渗透的试验和理论分析。美国国家科技委员会对裂缝渗流进行了渗流模式的分类[27],国内知名专家仵彦卿[28]依据对裂缝岩石渗透特性的分析,将裂缝岩体渗透模式分为等效连续介质渗流、裂隙网络非连续性介质渗透与双重介质渗流三类。

裂隙网络的渗流模型最初是 Wittke[29]提出的,此后 Louis[30]、Witherspoon[31]、柴军瑞[32]、王恩志[33-35]、于青春等人对此作了较深入的研究。20 世纪 80 年代以来,关于岩体的渗流场、温度场与应力场的耦合效应已有较多的研究,Barton[36]在此基础上,初步对岩体中水热力等多场耦合作用进行了分析,随后瑞典学者 Jing[37]及中国学者刘继山[38]、杨立中[39,41]、黄涛[39-41]、张学富[42]等开始对岩体 THM 多场耦合开展了更深入的研究,然而对于裂缝中的三场耦合机制研究还很少见。一批国内外的学者,对温度场与渗流场的耦合效应进行了深入的探讨。柴军瑞[43]对渗流场与温度场的耦合效应进行了初步假设,建立了渗流场和温度场共同作用下的导热方程和渗流方程;周志芳[44]进行了介质骨架的渗流场和温度场的耦合模型研究,模型考虑了水流的热交换,促进了岩体裂隙网络渗流模型的流热耦合研究;毛新军等[45]建立了致密油藏基质-裂缝双重介质系统,针对其油水两相瞬态流动提出一种考虑基质-裂缝网络-水力压裂裂缝多重介质的数学解析模拟方法,可以较好地表述油水两相渗流特征;年庚乾等[46]基于COMSOL Multiphysics有限元数值计算软件,建立了裂隙岩质边坡双重介质模型以研究其渗流特性,将材料设置为孔隙域和裂隙域,并根据不同降雨强度设定入渗边界条件,得出了裂隙域的等效降雨强度方程;雄峰等[47]为研究裂隙-孔隙双重介质非线性渗流问题,根据裂隙Forchheimer方程渗流的耦合特性,以压力交换函数来描述孔隙Darcy渗流问题,推导出了渗流求解的数值方程并进行了计算程序的编制。

张玉军[48]在进行流固耦合分析时,采用孔隙-裂隙双重介质模型,认为介质同时存在着孔隙及裂隙;王洪涛[49]结合连续介质和离散介质建立了渗流模型,将该模型用于乌江构皮滩水利枢纽的设计之中;赵颖[50]考虑各向异性双重孔隙介质,建立了基于线弹性变形理论的有效应力定律;吉小明[51]以岩体分类指标为基础,推导了水岩体应力状态演化的公式。学者们根据研究问题的特定性,对耦合作用模式进行简化,建立了非全耦合作用模式[52,53]。考虑到围岩受力损伤后对围岩各物理场参数有所影响,谭贤君[54]将损伤加入耦合作用模式中,考虑到损伤对热学参数、渗流参数和力学参数的影响。

关于大坝材料与结构多场耦合问题,当前学者们的研究多集中于渗流-应力耦合问题,在这方面取得了众多研究成果,但关于三场耦合双重介质问题的研究却鲜有文献。传统的离散介质假设(忽略岩块孔隙系统的透水性)和连续介质假设(将裂隙中的渗流平均到岩体的渗流中去)往往很难真实地反映裂隙岩体的温度场-渗流场-应力场耦合作用,而双重介质(拟连续介质+裂隙介质)三场耦合模型在一定程度上能真实地模拟裂隙岩体渗流、传热过程,由于大型裂隙(断层、节理、人工裂缝等)可以查明,可按裂隙介质对待;而被这些大中型裂隙切割而成的含众多低序次的小裂隙介质则不可能查明,因此认为是不确定的,故采用拟连续介质模型模拟。然后根据两类介质接触处水头、温度、位移相等来建立裂隙岩体的三场耦合模型。

1.3.3 积水监测方法

在现实生活中,积水遍布在我们周围,有城市积水、地面积水、地下管道积水、地下洞室积水等,这些积水对人们的生活、生产、财产甚至安全会产生严重的影响,因此需要对积水进行处理。在过去信息技术不发达的时候,需人工用水位尺进行现场测量,这种做法不仅水位测量的准确度达不到要求,而且现场测量人员的安全也得不到保证,比较落后。随着经济和科学技术的发展,对于积水的监测方法逐渐改进,目前主要通过水位传感器和计算机系统来实现水位的测量和监测。水位传感器包括接触式和非接触式两种类型,接触式的主要有压力式、温度式等,非接触式的主要有电容式等。在我国,大多数的水位测量装置主要采用浮子式传感器和压力式传感器。由于积水所处的位置不同,可达到的最高积水水位不同,因此需要根据相应的情况,综合考虑各种因素,选择不同类型的最适宜的水位传感器。我国使用水位传感器进行测量的技术正逐渐向自动化、高精度、适应性强、成本低等优点靠拢,但是我国的水位监测系统还未完全成熟。

国外对于液位传感器的研究较我国而言起步较早,测量体系的发展趋于完善。在国外,浮子式传感器的发展已经有较长的历史,被应用在大多数的水位测量中[55]。如今,国外的积水监测系统集成了各种技术,并引入了遥控台的方式,从而实现了组网的灵活性。中央站能够进行多台遥测,可以进行数据的传输-处理-解决-监控,并且越来越自动化和智能化。德国科威尔公司生产的 LM 系列磁致伸缩液位传感器,水位测量范围为 50 mm 至 2 200 mm,传感器含有磁致伸缩、不锈钢管及可移动浮子[56]。德国 E+H 的 FMU30 超声波液位传感器,可以发射超声波信号进行水位测量,其回波抑制功能可以屏蔽其他非超声波信号,同时具有人机交互功能,能够进行水位的实时监测。美国 Milltronics 公司的超声波液位测量系统,也可进行水位监测并具有回声增强的功能。

对于城市积水的监测,大多数是通过积水监测系统来进行积水水位的监测和报警。现场采用超声波水位计以及投入式水位计对积水水位进行测量,然后通过 GPRS 传送到计算机系统进行一系列的操作。同时也可通过视频监控来监测道路积水水位高度,也可在系统中安装预警系统进行预警。汤文辉[57]进行了无硬件覆盖的区域积水信息研究,采用 Android 技术设计了 App 以进行城市积水信息的上传,通过计算机在网页中显示出积水的位置,并进行了统计和分析,再将所得到的信息实时上传到防洪系统中,为防洪和排水工作的决策奠定基础。

对于城市涵洞内的水位,可以通过监测预警仪进行监测,并且能够针对涵洞积水情况发送预警信息给即将驶入涵洞的用户。李志刚构建了一套较为完整的在线涵洞水位监测系统,可以进行涵洞水位的实时自动化监测。李文亮为解决城市排水系统问题,使用超声水位传感器对城市水位进行监测,通过无线网实现在线数据传输及监控。传统水尺只显示数字信息,还有的在涵洞内用数字标出,当在夜晚或者天气不佳时,驾驶员视线受干扰,便难以看清数字。我国城市涵洞内的积水问题日益突出,但目前尚无一套能够快速监测水位、图像显示直观、运行高效的监测体系。

地面积水和城市积水相似,主要受降雨量影响,因此在监测系统内,不仅需要水位传感器,还需要雨量计,在不同季节、不同的时间段可能会有不同的降雨量,所以要根据降雨量可能导致的最大积水高度来选择最适宜的传感器。可以通过雨量传感器、电子水尺、温湿度传感器等设备对各积水采集点的水文气象数据进行监测,采集积水的深度、环境温度、空气湿度以及降雨量等数据,并通过无线方式上传至数据中心。龚正平等[58]在分析了现有的漏电检测仪和水浸检测仪等设备后,发现其无法对路面积水带电的情况进行有效的指示,从而设计了可以对路面积水带电情况进行实时在线监测的系统。当发生危险时,监测系统能够迅速发送报警信号,基于物联网通讯技术将信息传送到管理端,及时关闭电源,防止危险事态进一步扩大。

城市积水智能监测系统是为了对城市的容易积水区域进行预警。系统特点在于应用电子水尺实时测量各立交桥桥洞、各路面街道、隧道等区域的水位信息,采用的设备高度集成多种功能,可以接入多种传感器,进行本地化预警,发射远程无线信号,管理蓄电池充电及放电等,该系统架设方便,操作简单,待机功耗低,可进行远距离通信,且可靠性较高。

地下洞室积水水位的监测设备可采用水浸变送器和液位传感器,水浸变送器配合感应绳能够判别洞室内是否积水,液位传感器用于测量积水水位,液位传感器的选型可根据地下洞室内的积水水位高度确定,如此,管理人员即可掌握洞室内积水情况。

目前的积水监测方法有很多,尽管技术尚未达到十分成熟的地步,但是基本可以用于各种场景。对于特定的积水监测要求,积水监测方法的确定需要根据实际情况仔细选择,以建立满足该工程要求的积水监测方法。随着智能时代的到来以及科学技术的发展,未来的积水监测系统将会逐步完善,进一步保证人们的生命财产安全。

2 工程概况

2.1 工程特性表

表 2-1　汾河二库工程特性表

序号	名称	单位	数量	备注
一	水文			
1	全流域	km²	39 471	
	坝址以上	km²	7 616	
	汾河水库～汾河二库	km²	2 348	
2	利用的水文系列年限	年	33	
	多年平均径流量(汾河水库)	亿 m³	3.92	
	多年平均径流量(汾河二库)	亿 m³	1.45	
3	代表性流量			
	多年平均流量	m³/s	13.90	
	实测最大流量	m³/s	1 950	1967 年兰村站
	实测最小流量	m³/s	0	
	调查历史最大流量	m³/s	4 500	1892 年兰村洪峰
	设计洪水标准及流量($P=1\%$)	m³/s	4 816	汾河水库～汾河二库区间 3 520 m³/s
	校核洪水标准及流量($P=0.1\%$)	m³/s	7 282	汾河水库～汾河二库区间 5 750 m³/s
	施工导流标准及流量($P=5\%$)	m³/s	2 040	
4	洪量			
	实测最大洪量(3 天)	亿 m³	1.94	1954 年兰村站

续表

序号	名称	单位	数量	备注
	设计洪水流量($P=1\%$)(3天)	亿 m³	2.65	区间加汾河水库下泄
	校核洪水流量($P=0.1\%$)(3天)	亿 m³	4.23	区间加汾河水库下泄
5	泥沙			
	多年平均悬移质年输沙量	万 t	560	区间
	多年平均含沙量	kg/m³	38.60	
	实测最大含沙量	kg/m³	525	1953年6月16日
二	工程规模			
1	水库			
	校核洪水位($P=0.1\%$)	m	909.92	
	设计洪水位($P=1\%$)	m	907.32	
	防洪高水位	m	907.32	
	正常蓄水位	m	905.70	
	防洪限制水位	m	905.70	
	死水位	m	885.00	
	铁路限制水位	m	910.00	
2	水库库容			
	总库容	亿 m³	1.33	
	调洪库容	亿 m³	0.159	
	防洪库容	亿 m³	0.058	
	兴利库容	亿 m³	0.48	
	死库容	亿 m³	0.691	
3	调节特性			多年调节与汾河水库联合运用
三	下泄流量			
1	设计洪水位时最大泄量	m³/s	3 450	限泄
2	校核洪水位时最大泄量(0.1%)	m³/s	5 168	
3	太原市河道安全泄量	m³/s	3 450	
四	枢纽主要建筑物及设备			
1	大坝			
	型式			碾压混凝土重力坝
	地基型式			白云岩
	地震设防烈度	度	7	
	坝顶高程	m	912.00	

续表

序号	名称	单位	数量	备注
	最大坝高	m	88.00	
	坝顶长度	m	227.70	
	坝顶宽度	m	7.50	
(1)	挡水坝段			
	挡水坝段长度	m	128.50	
(2)	溢流表孔坝段			
	坝段长度	m	48.00	
	堰顶高程	m	902.00	
	表孔宽度	m	3×12	3孔,每孔净宽12 m
	工作门型式			3孔弧形工作门
	工作门启闭机容量	kN	2×400	液压启闭机
	检修门型式			叠梁门
	检修门启闭机容量	kN	2×100	电动葫芦
	消能方式			挑流消能
	校核泄量	m³/s	1 578	
(3)	泄洪排沙底孔坝段			
	坝段长度	m	2×25.6	
	进口高程	m	859.00	
	工作门孔口尺寸(宽×高)	m	5.8×6	4孔弧形工作门
	工作门启闭机容量	kN	2 000/1 600	液压启闭机
	检修门启闭机容量(宽×高)	m	5.8×7.2	4孔平板钢闸门
	检修门启闭机容量	kN	420	卷扬启闭机
	消能方式			挑流消能
	设计泄量	m³/s	3 450	
	校核泄量	m³/s	3 590	
2	供水发电隧洞			
(1)	供水发电主洞			
	设计供水流量	m³/s	80.00	
	进口底高程	m	871.00	
	内径	m	4.00	
	长度	m	443.265	
	进口事故检修闸门孔口尺寸(宽×高)	m	4×4	平门

续表

序号	名称	单位	数量	备注
	进口启闭机容量	kN	1 600/800	卷扬机
	出口工作闸门孔口尺寸(宽×高)	m	3.5×3	弧门
	出口启闭机容量	kN	1 250	卷扬机
(2)	供水发电支洞			
	设计发电流量	m³/s	36.50	
	混凝土洞段内径	m	2~4	
	压力钢管内径	m	1.75~2	
3	水电站厂房			
	主厂房尺寸(长×宽×高)	m	43.5×12×24.07	
	副厂房尺寸(长×宽×高)	m	43.5×7.2×12.5	
	装机容量	kW	3~3 200	
	水轮机安装高程	m	853.40	
4	主要机电设备			
(1)	水轮机			
	水轮机台数	台	3	
	水轮机型号			HLA441—LJ—125
	额定转速	r/min	375 rpm	
	额定出力	kW	3 303.00	
	转轮直径	m	1.25	
	额定水头	m	34.50	
	额定流量	m³/s	12.20	
(2)	发电机			
	发电机台数	台	3	
	发电机型号			SF3200—16/2600
	额定电压	kV	6.30	
	额定功率	kW	3 200.00	
	额定容量	kVA	4 000	
	额定频率	Hz	50	
	额定转速	r/min	375 rpm	
	飞逸转速	r/min	850 rpm	
5	其他建筑物			
(1)	电站防洪堤			

续表

序号	名称	单位	数量	备注
	长度	m	318.00	
	堤顶高程	m	863.00	
(2)	卧虎湾防洪堤			
	长度	m	1 442.38	
	堤顶高程	m	859.00	首部高程
(3)	卧虎湾大桥			
	形式			装配式T行梁
	桥长	m	300.00	
	最大单跨	m	20.00	
	桥面宽度	m	8.50	净7-附2×0.75

2.2 工程基本情况

汾河二库位于太原市尖草坪区与阳曲县交界的悬泉寺，上游距汾河水库 80 km，下游距太原市区 30 km。坝址控制流域面积 2 348 km²，多年平均入库径流量 1.45 亿 m³，总库容 1.33 亿 m³，是汾河上游干流上一座以防洪为主，兼有供水、发电、旅游、养殖等综合效益的大(2)型水利枢纽工程。

汾河二库枢纽工程等别为Ⅱ等，主要建筑物拦河大坝、供水发电隧洞按 2 级建筑物标准设计，水电站按 4 级建筑物标准设计。大坝洪水标准：100 年一遇洪水设计，入库洪峰流量 4 816 m³/s，1000 年一遇洪水校核，入库洪峰流量为 7 282 m³/s。地震基本烈度为 7 度。图 2-1 为汾河二库枢纽平面布置示意图。

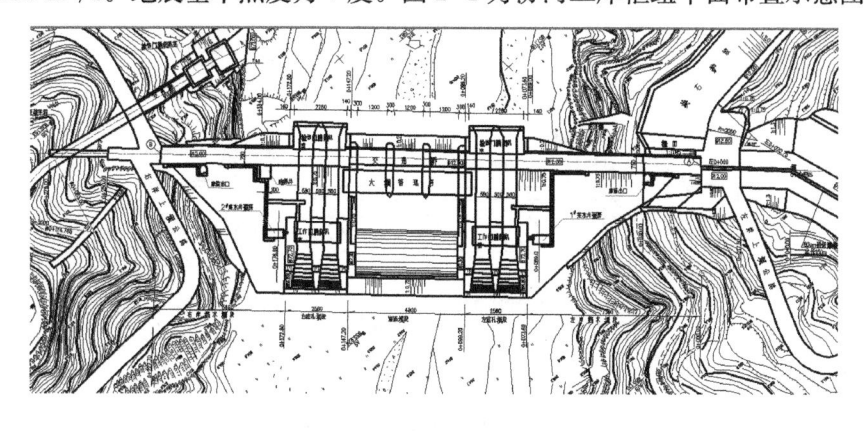

图 2-1 汾河二库枢纽平面布置示意图

汾河二库枢纽工程由拦河大坝、供水发电洞和水电站组成。拦河大坝为碾压混凝土重力坝,坝顶长 227.7 m,坝顶高程为 912.0 m,最大坝高 88 m。河床中部设三孔溢流表孔,每孔净宽 12 m,堰顶高程为 902.0 m,弧形钢闸门控制。溢流表孔两侧,各布置两孔泄流冲沙底孔,进口底高程为 859.0 m,进口设事故检修平板门,出口设弧形工作门。两岸挡水坝段,坝顶宽 7.5 m,下游坝面坡比 1∶0.75。供水发电隧洞布置在右岸,主洞长 399.465 m,钢筋混凝土衬砌后的内径为 4 m。主洞进口设进水塔,塔内设事故检修门和拦污栅。主洞出口设有弧形工作门,在主洞桩号 0+319.915 m 引发电支洞至大坝下游右岸的露天式电站厂房,电站装机 3×3 200 kW。图 2-2 和图 2-3 分别为溢流坝段剖面示意图和坝体混凝土分区图。图 2-4 和图 2-5 分别为左岸挡水坝段(0+040.0 剖面)剖面示意图和挡水坝段坝体混凝土分区图。

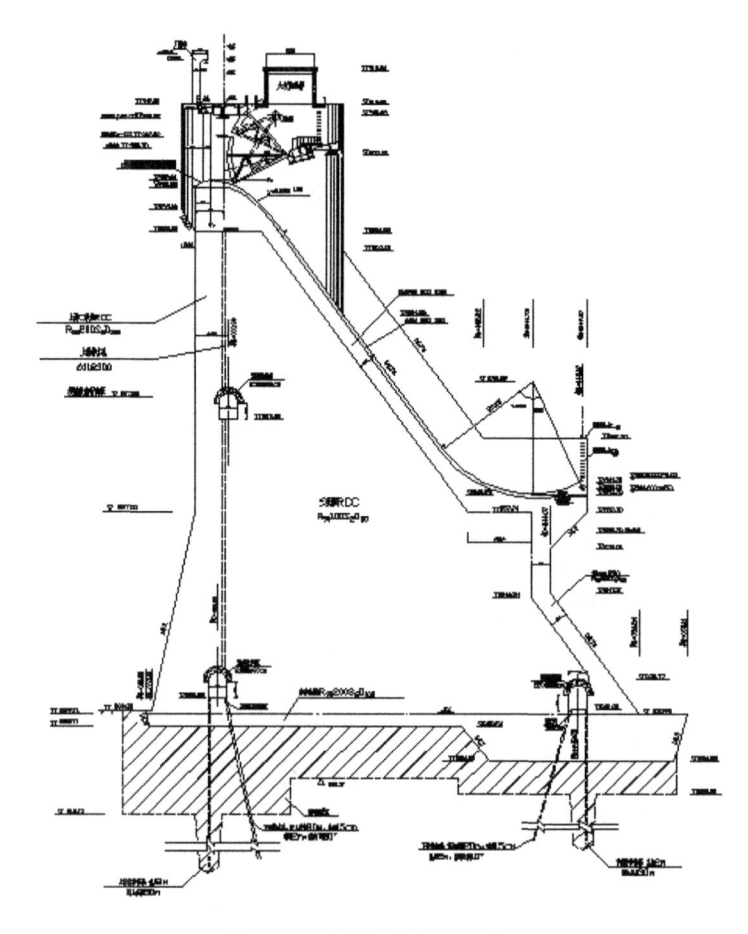

图 2-2 溢流坝段剖面示意图

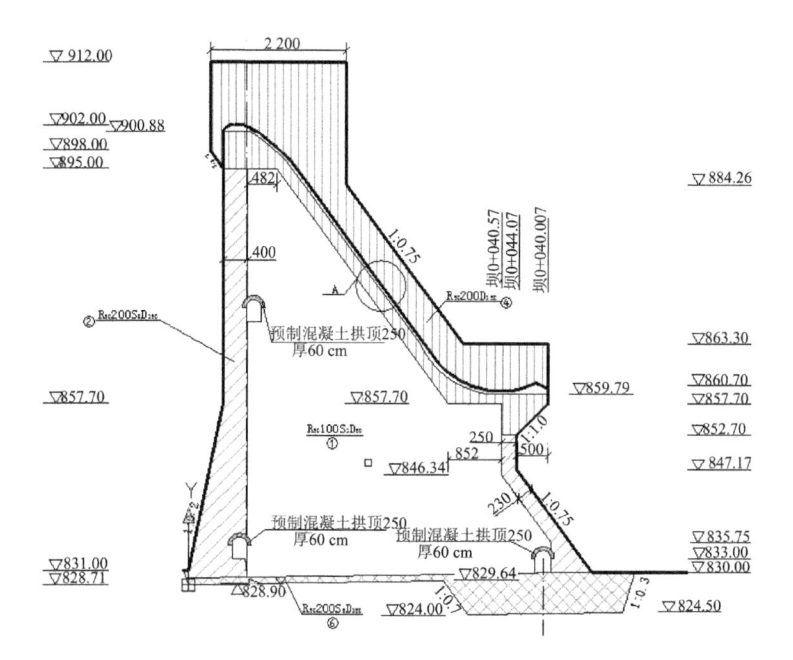

图 2-3 溢流坝段混凝土分区图

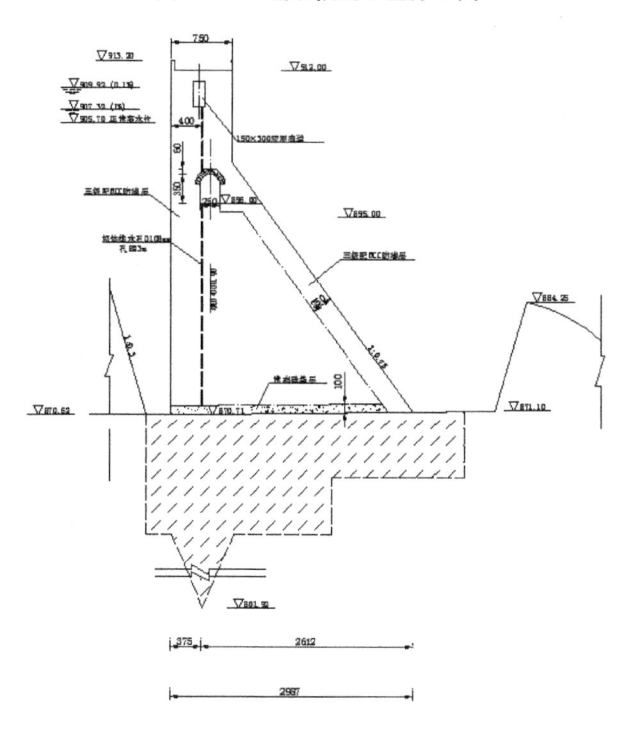

图 2-4 左岸挡水坝段 0+040.0 剖面示意图

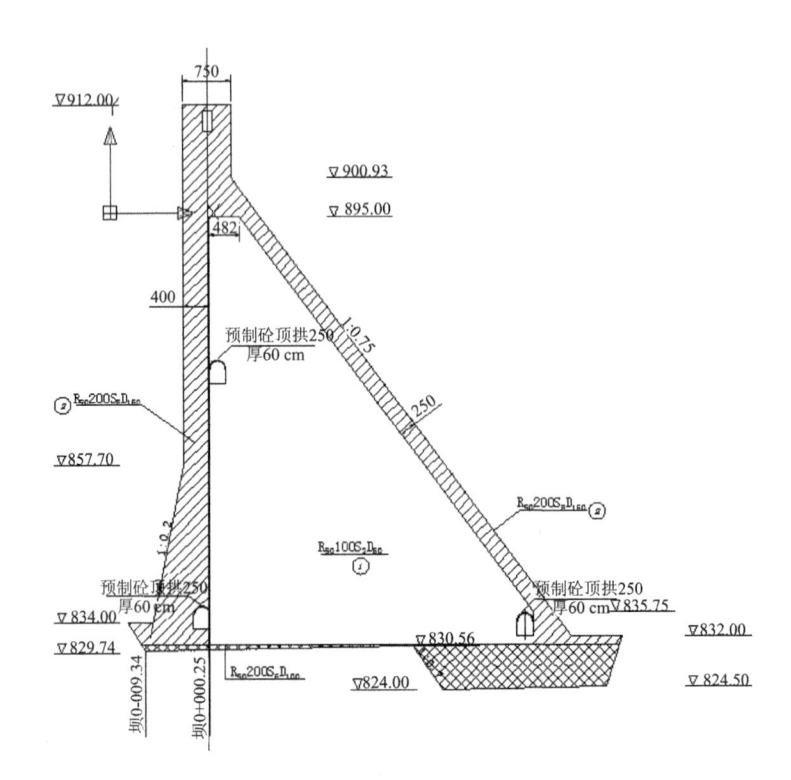

图 2-5 左岸挡水坝段混凝土分区图

汾河二库建成后,可使太原市区的汾河河道防洪标准由 20 年一遇提高到 100 年一遇,每年可向太原市增供 4 000 万 m^3 工业和城市生活用水,利用下泄的工农业用水发电的水电站装机容量 9 600 kW,年发电量 2 350 万 kW·h。

河床坝基为寒武系凤山组岩层,上部为竹叶状白云岩和薄层及中厚层白云岩,其表层为灰色白云质页岩、竹叶状白云岩互层与条带状含泥白云岩,该层层厚为 9.03 m,其中灰色白云质页岩、竹叶状白云岩互层发育在上部,厚约 1.5～2.0 m,两岸岩石为奥陶系下统治理组,坝肩部位为薄至中厚层的白云岩和白云质页岩。河床岩基强风化带厚度 2～3 m,两岸表层强风化带厚度 4～6 m。

坝址岩层主要为寒武系上统凤山组和奥陶系下统,透水性微弱,单位吸水量多在 0.01 L/min·m·m 以下。但在河床以下高程 785～790 m,为 45.36～57.05 L/min·m·m,透水性强,为强透水层。此外,在基岩与覆盖层接触面 2～5 m 内由于风化作用透水性较强,为防止渗漏,可通过防渗帷幕灌浆予以处理。两岸及坝基防渗帷幕灌浆以单位吸水量小于 0.01 L/min·m·m 作为底界。

汾河二库是山西省重点工程,汾河二库建设总指挥部正式组建于1992年3月,1994年11月国家计委批准兴建汾河二库工程,1996年5月35 kV变电站工程建成投入运行,同年10月5日大坝围堰合拢,顺利完成了大河截流。1996年10月底完成四通一平前期准备工程,1996年11月8日主体工程正式开工,1997年12月底下闸蓄水,2001年底大坝(45.3万 m³)主体工程基本完成,并投入运行。供水发电隧洞于1997年6月正式开工,2007年6月全部完工。2007年7月汾河二库主体工程正式通过省政府组织的验收,汾河二库正式进入管理运行阶段。

自1999年底蓄水以来,水库基本保持低水位运行。2007年以前,水库起始蓄水位860 m,最高蓄水位884.7 m,平均水位872.35 m;2007年以后至应急除险加固工程实施前,最低蓄水位879.9 m,最高蓄水位893.2 m(时间为2010年9月26日),平均水位885.50 m。入库最大流量120 m³/s(时间为2007年7月10日),出库最大流量为300 m³/s(时间为2008年3月4日)。

2.3 大坝除险加固前工程完成情况

2007年7月汾河二库主体工程正式通过省政府组织的验收。主体工程验收时,遗留的工程有:部分固结灌浆工程、部分帷幕灌浆工程、全部接触灌浆工程及并缝灌浆工程、坝体排水工程。

2.3.1 固结灌浆工程

汾河二库主体工程竣工验收时,坝基上游第1、2排未施工,其余河床段及左右岸坡均已完工。上游第1、2排灌浆孔共75个,灌浆总深度900 m;下游F10断层(26~33排)固结灌浆未全部完成(布置图见图2-6),其中第26~28排全部完成,第29排已施工26孔,第30~33排未施工,剩余140孔。但是从现有的施工记录资料中无法判断已施工26孔的位置,本次大坝除险加固工程按第29~33排均未施工考虑,固结灌浆剩余166孔,灌浆总深1 791.5 m。

2.3.2 帷幕灌浆工程

根据"汾河二库灌浆工程完成情况说明",主体工程竣工验收时,上游防渗帷幕桩号0+000.00至0+227.75 m段已完工,桩号0+217.75至0+275.00 m段(右岸引张线廊道)未施工,剩余29孔1 646 m,左岸防渗墙下防渗帷幕(桩号0-156.00至0+000.00)共布置78个孔,仅施工5孔,完成帷幕灌浆265.45 m,

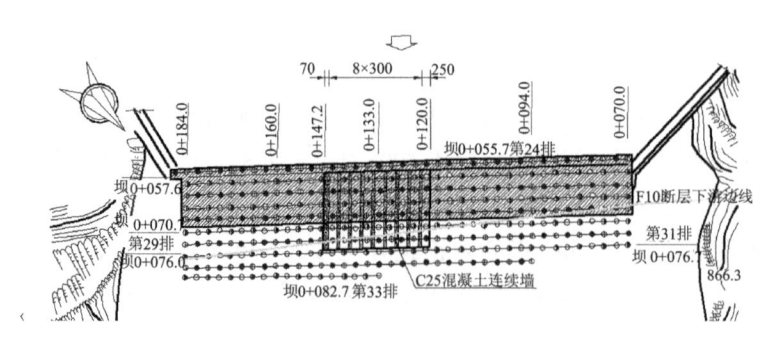

图 2-6 大坝下游 F10 断层固结灌浆平面图

剩余(桩号 0−144.25 至 0−001.75)73 孔 4 986 m。

下游防渗帷幕灌浆范围为桩号 0+010.25 至 0+214.00 m 段,河床段全部完工,左右岸均未施工,其中左岸(桩号 0+010.25 至 0+070.00)剩余 1 801 m,右岸(桩号 0+186.00 至 0+214.00)剩余 1 308 m。

2.3.3 坝基接触灌浆

坝基各区接触灌浆管道已按原设计埋设,但接触灌浆均未实施。

2.3.4 并缝灌浆

溢流表孔两侧的 0+99.20 和 0+147.20 两道横缝 855.00 m 高程以下已按原设计布置了灌浆系统,但并缝灌浆均未施工。

2.3.5 坝体排水

坝体排水工程中各层廊道顶拱钢管已经预埋,钻孔均未实施,钻孔(混凝土孔)进尺 2 391.8 m。

2.3.6 坝基抽排系统

汾河二库大坝抽排水系统在主体工程竣工时已按设计图纸安装,但工程运行以来,排水系统一直不能正常运行,目前廊道内积水达 863.00 m 高程,抽排水系统长期淹没在水下,水泵机组及相应的电气设备已全部损坏,不能使用。

2.4 大坝除险加固实施方案

根据山西省水利厅《全省水库应急专项除险加固工作实施方案》的精神,汾

河二库应急除险加固工程仅对危及大坝安全的问题实施除险加固,主要内容包括:

1) 完成主体工程竣工验收时遗留的大坝灌浆工程。
2) 更换排水廊道内抽水设施,实现自动排水。
3) 大坝下游河床防护。

2.4.1 灌浆工程

1. 固结灌浆

(1) 坝基上游未实施的第1、2排固结灌浆:截至2014年5月汾河二库蓄水位已至895.76 m,坝前水深约65 m,因基本没有实施条件,本次除险加固中未进行处理。

(2) 对下游坝趾处F10断层加固处理方案为:在桩号0+120.00至0+147.20 m范围内垂直坝轴线方向增加C25混凝土连续墙,起点为上游坝体(桩号为坝0+060.00),第1道墙(0+122.50)末端桩号为坝0+076.70,第5~9道墙末端桩号为坝0+079.70,第2~4道墙末端位于第1~5道墙末端连线上,桩号分别为坝0+077.50、坝0+078.20和坝0+079.00。连续墙厚800 mm,中心间距3 m,墙深6 m,墙底高程824.00 m,顶高程为830.00 m,有效高度6 m。连续墙与灌浆幕线交错布置,共计9道连续墙,分次序施工。待连续墙混凝土强度达设计强度的70%后再进行固结灌浆。

地下连续墙上游端起点桩号由坝0+057.60修改为坝0+060.00。

原设计F10断层固结灌浆底高程为819.50 m(819.00 m),从"坝址工程地质剖面图(210S—312—B1—4)"可知,河床范围内岩土分界线高程为832.00 m左右,强风化带深度为2~4 m,固结灌浆孔深入基岩超过10 m,根据规范和其他相关工程经验,能满足工程要求。所以固结灌浆深度按原设计进行。下游F10断层(29~33排)固结灌浆孔、排距仍均为3 m,固结灌浆标准为透水率$q<3$ Lu,灌浆深入基岩819.00~819.50 m。固结灌浆剩余166孔,灌浆总深1 700 m。

2. 帷幕灌浆

《混凝土重力坝设计规范》(SL319—2018)规定,"坝高在50~100 m之间的大坝,相对不透水层的透水率为3~5 Lu;悬挂式帷幕设计深度应考虑工程地质条件,结合工程经验研究确定,通常在0.3~0.7倍水头范围内选择"。原设计的防渗帷幕底线以下岩层的透水率均小于2 Lu,说明原设计灌浆至相对不透水层,满足规范要求。因此本次大坝除险加固工程仍按照原设计帷幕灌浆深度进行控制,孔距为2 m。

(1) 上游帷幕灌浆

右岸引张线廊道内帷幕灌浆中心线桩号为坝 0+000.25，灌浆范围为桩号 0+217.75 至 0+275.00 m 段。上游桩号 0+217.75 至 0+273.75 m 段长 55 m（29 个孔）在高程 908.30 m 引张线平硐内进行。灌浆帷幕底高程为 840.00 至 872.00 m。施工 29 孔，帷幕灌浆长度 1 520 m。

左岸防渗墙下帷幕灌浆中心线位于防渗墙上游侧，距防渗墙中心线 800 mm（防渗墙厚 800 mm）。桩号 0+000.00 至 0-057.50 m 段帷幕底高程由 832.50 m 渐变至 850.00 m；桩号 0-057.50 至 0-156.00 m 段帷幕底高程均为 850.00 m。施工 66 个孔，帷幕灌浆长度 4 986 m。

(2) 下游帷幕灌浆

下游防渗帷幕左右岸原来均未施工，其中左岸帷幕灌浆范围（桩号 0+010.25 至 0+070.00），帷幕灌浆孔底高程范围为 794.25 至 847.00 m，右岸帷幕灌浆范围（桩号 0+186.00 至 0+214.00），帷幕灌浆孔底高程范围为 798.60 至 828.00 m，帷幕灌浆顶高程均为 864.00 m，下游左岸帷幕灌浆 1 801 m，下游右岸帷幕灌浆 1 308 m，灌浆总长度 3 109 m。帷幕灌浆分三序施灌，帷幕灌浆质量检查标准以灌浆结束 14 天后透水率 $q<1$ Lu 为合格。

帷幕灌浆的钻孔、冲洗钻孔、灌浆、封孔及质量检查等施工技术要求严格按照《水工建筑物水泥灌浆施工技术规范》(DL/T5148—2012)和《汾河二库帷幕灌浆及坝体排水孔施工技术要求(1997.9)》执行。

(3) 坝基接触灌浆

需要进行接触灌浆的部位有大坝左右岸坡和坝体底部齿槽上下游面。

在施工时，每个灌浆区内已布置有灌浆孔、排气孔，进浆管、回浆管和排气管，根据已布置的灌浆系统按照原设计进行灌浆。齿槽上下游面各分 2 个区，灌浆面积 714 m²。左岸坝肩灌浆共分 9 个区，灌浆面积 2 662 m²，右岸共分 10 个区，灌浆面积 2 619.6 m²。

坝基接触灌浆利用大坝施工时埋设的坝基接触灌浆系统进行。接触灌浆前先根据施工图纸理清灌区各进浆管、回浆管等管线，疏通管路，灌浆作业应由最低层开始，按照由下向上的顺序逐层灌注，灌浆压力的确定、灌浆材料及浆液稠度、灌浆作业和质量检查等施工技术要求严格按照《水工建筑物水泥灌浆施工技术规范》(DL/T5148—2012)和《汾河二库接触及接缝灌浆施工技术要求(1997.8)》执行。

(4) 并缝灌浆

坝体并缝灌浆利用溢流表孔两侧的 0+99.20 和 0+147.20 两道横缝 855.00 m 高程以下已布设的横缝键槽和灌浆系统对两个横缝进行灌浆，并缝灌浆共分 5 个区,灌浆面积 2 773 m²。

并缝灌浆前先根据施工图纸理清灌区各进浆管、回浆管等管线,疏通管路,灌浆作业由最低层开始,按照由下向上的顺序逐层灌注,灌浆压力的确定、灌浆材料及浆液稠度、灌浆作业和质量检查等施工技术要求严格按照《水工建筑物水泥灌浆施工技术规范》(DL/T5148—2012)和《汾河二库接触及接缝灌浆施工技术要求(1997.8)》执行。

2.4.2 廊道自动排水系统

2014 年 6 月汾河二库廊道排水系统根据工程实施情况和大坝除险加固前的工程状况进行了重新设计,具体如下:

(1) 系统布置

根据工程布置,大坝渗漏排水经布置在坝体内的廊道汇集流入集水井,再由长轴深井泵从集水井中抽水排至下游。工程共设置集水井 2 座,单井容积 12.0 m×3.0 m×5.6 m,集水井底部一侧设置 3.0 m×1.6 m×1.0 m 集水坑。

(2) 设备选型

每座集水井上方的排水泵房内分别设 2 台长轴深井泵,经排水管排至下游,排水泵的开启和停止由液位控制器自动控制。按规范要求排水时间 15～20 min 选择排水泵,长轴深井泵选用 350RJC400—18X3 型,设计流量 400 m³/h,配套电动机功率 90 kW。液位控制器采用 MPM416WK 型插入式铠装液位变送器,安装于集水井盖板上,液位信号引至排水泵房。

井泵电气控制选择起动柜 4 面,柜体参考尺寸为 400 mm×600 mm×1 800 mm。柜体防护等级为 IP65。软启动器型号为 JJR8000。启动柜屏面布置电压表 1 块;电流表 3 块以及远方/现地转换开关;运行、停止指示灯;启动和停止按钮等。液位变送器配套的液位显示仪 1 块,型号为 MSB9438。柜内需配置低压进线断路器 1 台,型号选择 ABB 系列;三相电流互感器 1 组;交流接触器 1 台,以及必要的中间继电器等。启动柜安装于排水泵房内。

(3) 设备布置

每座排水泵房均布置 2 台长轴深井泵,泵房长 6.0 m,宽 3.3 m,两台机组并排布置,机组间距 1.6 m。水泵出水管管径 DN250,出泵房后经 90 度弯头下拐至高程为 860.60 m 向下游的排水出口。

集水井底高程 823.60 m,盖板顶高程 831.00 m。水泵启动水位 828.7 m,备用泵启动水位 829.1 m,停泵水泵 826.0 m,报警水位 829.5 m,有效排水容积 97.2 m³,排水时间 15 min。

3

汾河二库大坝质量检测资料分析

3.1 大坝混凝土工程质量

3.1.1 混凝土的原材料及质量检测

(1) 水泥

汾河二库大坝混凝土采用的是太原普通硅酸盐 425♯ 和 525♯ 水泥,不同批次水泥的化学成分检测结果见表 3-1。

表 3-1 太原普通硅酸盐 425♯ 和 525♯ 水泥成分检测结果

水泥名称	化学成分						含碱量
	SiO_2	CaO	MgO	Fe_2O_3	Al_2O_3	SO_3	
普硅 425	22.57	52.56	1.14	3.94	6.33	0.58	0.77
普硅 425	12.31	64.69	2.5	3.49	6.97	0.57	
普硅 525	21.22	65.69	0.91	3.94	6.83	0.19	
国家标准			≤5			≤3.5	低碱水泥 0.60

根据《水工碾压混凝土施工规范》(SL 53—94)的规定,施工单位对每 200～400 t 水泥进行抽样检测,检测结果见表 3-2。由表可见,汾河二库大坝碾压混凝土采用的太原普硅 425♯ 水泥符合(GB 1711—92)水泥国家标准的要求。

表 3-2 汾河二库大坝碾压混凝土用水泥检测结果汇总表

统计项目	细度(%)	标准稠度(%)	安定性	凝结时间(min)		抗压强度(MPa)		抗折强度(MPa)	
				初凝	终凝	3 d	28 d	3 d	28 d
标准	≤10.0	/	合格	≥0:45	≤10:00	≥16.0	≥42.5	≥3.5	≥6.5

续表

统计项目	细度(%)	标准稠度(%)	安定性	凝结时间(min) 初凝	凝结时间(min) 终凝	抗压强度(MPa) 3 d	抗压强度(MPa) 28 d	抗折强度(MPa) 3 d	抗折强度(MPa) 28 d
最大值	7.5	27.3		3:45	6:00	29.7	51.2	6.3	9.8
最小值	1.6	24		1:25	2:20	18.3	42.5	4.2	6.5
平均值	4	25.4	合格	2:31	4:12	23.0	45.6	5.6	8.6
标准差	1.16	0.61				2.62	2.31	0.48	0.54
Cv值	0.34	0.02				0.11	0.05	0.09	0.12

注：太原普通硅酸盐425♯水泥，统计数量78组。

(2) 粉煤灰和硅粉掺合料

汾河二库大坝碾压混凝土和常态混凝土均掺用了神头二电厂的粉煤灰。为提高溢流面和泄流冲沙底孔混凝土的抗冲耐磨性能，这两个部位的混凝土中又掺用了忻州铁合金厂的硅粉。施工单位对以上两种掺合料也按施工规范的要求进行了抽样检测，结果见表3-3和表3-4。由表可见：神头二电厂的粉煤灰达到《水工混凝土掺用粉煤灰技术规范》(DL/T 5055—2007)一级灰的标准，忻州铁合金厂的硅粉也符合《水工混凝土掺用硅粉技术规范》(DL/T 5777—2018)的要求。

表3-3 汾河二库大坝碾压混凝土用粉煤灰检测结果汇总表

统计项目		细度(%)	需水量比(%)	烧失量(%)	含水量(%)	三氧化硫含量(%)	28天抗压强度比(%)
标准	Ⅰ级	≤12.0	≤95	≤5.0	≤1.0	≤3.0	≤75
标准	Ⅱ级	≤20.0	≤105	≤8.0	≤1.0	≤3.0	≤62
最大值		19.6	105	1.10	0.37	0.73	128
最小值		1.3	89	0.25	0.10	0.04	75
平均值		5.7	95	0.64	0.22	0.29	99
标准差		4.25	3.53	0.18	0.07	0.23	
Cv值		0.75	0.01	0.28	0.34	0.78	

注：神头二电厂粉煤灰，统计数量88组。

表3-4 汾河二库大坝常态抗冲磨混凝土用硅粉检测结果汇总表

检测项目	细度(%)	烧失量(%)	含水量(%)	SiO_2含量(%)	备注
标准	≤10	≤6	≤3	≥85	
实测值	0	3.52	2.0	88.27	

注：忻州铁合金厂硅粉分厂，检测数量1组。

(3) 砂石料

汾河二库混凝土工程中采用的砂石料,主要是大坝下游 2 km 处汾河左岸寺脑山料场的人工砂石料,主要为白云岩,含少量泥质条带和燧石条带。在施工高潮中,也采用过当地轨枕厂和呼延的天然砂及忻州豆罗的天然砂,施工单位按《水工碾压混凝土施工规范》(SL53—94)和《水工混凝土施工规范》(DL/T 5144—2001)对砂石料的品质进行了检测,检测结果见表3-5至表3-11。

表3-5　汾河二库大坝碾压混凝土用砂检测结果汇总表

统计项目	细度模数	表观密度(kg/m³)	紧密密度(kg/m³)	空隙率(%)	石粉含量(%)	坚固性(%)	含水率(%)	有机质含量
标准	2.2~3.0	≥2 500	/	≤40	≤20.0	≤10	≤6.0	浅于标准色
最大值	2.93	2 799	1 893	31	21.1	6.8	7.9	
最小值	2.47	2 731	1 818	32	13.0	3.9	2.2	
平均值	2.73	2 778	1 864	33	16.7	5.2	4.6	浅于标准色
标准差	0.09	16	18.6	0.53	1.11	0.69	0.88	
Cv值	0.03	0.01	0.01	0.02	0.09	0.13	0.19	

注:人工砂,检测287次。

表3-6　汾河二库大坝碾压混凝土用砂检测结果汇总表

统计项目	细度模数	表观密度(kg/m³)	紧密密度(kg/m³)	空隙率(%)	含泥量(%)	坚固性(%)	云母含量(%)	含水率(%)	有机质含量
标准	2.2~3.0	≥2 500	/	≤40	≤3.0	≤10	≤2	≤6.0	浅于标准色
最大值	2.72	2 742	1 745	38	3.0	5.0	0.6	5.8	
最小值	2.26	2 622	1 645	34	1.5	3.5	0.2	2.7	
平均值	2.49	2 698	1 704	37	2.1	4.2	0.4	4.1	浅于标准色

注:轨枕厂砂,检测51次。

表3-7　汾河二库大坝碾压混凝土用砂检测结果汇总表

统计项目	细度模数	表观密度(kg/m³)	紧密密度(kg/m³)	空隙率(%)	含泥量(%)	坚固性(%)	云母含量(%)	含水率(%)	有机质含量
标准	2.2~3.0	≥2 500	/	≤40	≤3.0	≤10	≤2	≤6.0	浅于标准色
最大值	2.92	2 677	1 718	38	2.9	10.0	0.6	5.9	
最小值	2.30	2 621	1 630	35	1.1	3.8	0.3	3.3	
平均值	2.52	2 634	1 660	37	2.4	5.2	0.5	4.5	浅于标准色

注:呼延砂,检测40次。

表3-8 汾河二库大坝碾压混凝土用碎石检测结果汇总表

统计项目	表观密度(kg/m³)	紧密密度(kg/m³)	石粉含量(%)	空隙率(%)	针片状含量(%)	坚固性(%)	压碎指标(%)	吸水率(%)	超径(%)	逊径(%)	有机质含量
标准	≥2 500	/	≤2.0	≤40	≤15.0	≤5.0	≤16.0	≤2.5	0	≤2.0	浅于标准色
最大值	2 812	1 810	5.7	39	11.1	4.8	10.7	0.88	4.8	9.8	
最小值	2 729	1 700	0	35	1.7	2.3	6.2	0.46	0	0.3	
平均值	2 776	1 787	1.2	36	7.2	3.4	8.6	0.72	0.3	5.1	浅于标准色

注：5~20 mm碎石，检测206次。

表3-9 汾河二库大坝碾压混凝土用碎石检测结果汇总表

统计项目	表观密度(kg/m³)	紧密密度(kg/m³)	石粉含量(%)	空隙率(%)	针片状含量(%)	坚固性(%)	压碎指标(%)	吸水率(%)	超径(%)	逊径(%)	有机质含量
标准	≥2 500	/	≤2.0	≤40	≤15.0	≤5.0	≤16.0	≤2.5	0	≤2.0	浅于标准色
最大值	2 818	1 793	1.8	40	8.6	4.7		0.60	4.8	19.0	
最小值	2 717	1 627	0	36	1.1	2.5		0.35	0	0.9	
平均值	2 775	1 721	0.8	38	4.8	3.6		0.48	0.1	5.5	浅于标准色

注：20~40 mm碎石，检测246次。

表3-10 汾河二库大坝碾压混凝土用碎石检测结果汇总表

统计项目	表观密度(kg/m³)	紧密密度(kg/m³)	石粉含量(%)	空隙率(%)	针片状含量(%)	坚固性(%)	压碎指标(%)	吸水率(%)	超径(%)	逊径(%)	有机质含量
标准	≥2 500	/	≤2.0	≤40	≤15.0	≤5.0	≤16.0	≤2.5	0	≤2.0	浅于标准色
最大值	2 818	1 755	1.2	40	7.4	5.0		0.71	3.8	16.3	
最小值	2 752	1 646	0.2	37	0	2.6		0.24	0	0.7	
平均值	2 772	1 723	0.6	38	4.2	4.0		0.34	0.1	4.4	浅于标准色

注：40~80 mm大碎石，检测175次。

表3-11 汾河二库大坝常态抗冲磨混凝土用铁矿石检测结果汇总表

统计项目	表观密度(kg/m³)	紧密密度(kg/m³)	石粉含量(%)	空隙率(%)	针片状含量(%)	坚固性(%)	压碎指标(%)	吸水率(%)	超径(%)	逊径(%)	有机质含量
最大值	3 513	2 275	1.0	40	13.0	4.5	5.6	5.0			
最小值	3 393	2 108	0.4	33	5.8	1.0	4.2	0.5			
平均值	3 455	2 163	0.8	37	9.2	3.0	4.7	1.8			

注：尖山铁矿石，检测9次。

由检测结果可以看出,大坝混凝土工程中采用砂石料的品质指标符合以上施工规范的要求,但人工砂石料中石粉含量偏大,含水量偏高,粗骨料中超逊径含量也偏大。对这些问题,施工单位在混凝土配合比中作了及时的调整,没有对混凝土质量造成影响,因此从整体上看,砂石料的品质指标是合格的。

但是人工砂石料采用的白云岩,夹带有燧石和泥质,可能具有碱活性,汾河二库项目指挥部曾委托成勘院科研所对此类岩石进行了碳酸盐的碱活性鉴定,检测结果见表3-12,由于骨料在碱溶液中膨胀率为0,因此判定为非活性。

表3-12 碱骨料反应试验成果表(成勘院)

试验编号	岩石野外定名	1N NaOH 溶液浸泡,膨胀率(%)					
		7 d	14 d	21 d	28 d	60 d	84 d
A	白云岩	0	0	0	0	0	0
B	燧石条带白云岩	0	0	0	0	0	0
E	燧石条带白云岩	0	0	0	0	0	0
H	燧石条带白云岩	0	0	0	0	0	0
J	燧石条带白云岩	0	0	0	0	0	0

中国水科院结材所也受指挥部委托,对此类骨料采用快速压蒸法进行了碱活性检测,试验结果膨胀率较大,最大膨胀率0.1%左右,检测结果见表3-13。因此认为骨料存在有碱活性的可能。

表3-13 骨料碱活性试验结果表(水科院)

集料粒径(mm)	0.15~0.63 mm			2.5~5 mm	5~10 mm	净浆
水泥:集料	2:1	5:1	10:1	1:1	1:1	1:0
膨胀率%	0.120	0.107	0.110	0.149	0.122	0.075

(4) 外加剂

施工单位对混凝土拌和养护用水也进行了检测,检测结果见表3-14,符合《水工混凝土施工规范》(DL/T 5144—2001)的有关要求。

表3-14 汾河二库大坝混凝土拌合及养护用水试验结果表

项目		总盐含量(mg/L)	SO_4^{2-}含量(mg/L)	Cl^-含量(mg/L)	PH值
实测结果		361.3	36.02	12.14	7.3
标准要求	素混凝土和水下钢筋混凝土	<35 000	<2 700	<300	>4
	水位变化区和水上混凝土	<5 000	<2 700	<300	>4

混凝土工程采用的外加剂主要是河北省水利厅外加剂厂生产的 DH3 复合型减水剂、DH9 引气剂、DH3G 高效减水剂和 H2-2 缓凝减水剂等,对以上外加剂施工单位也进行了检测,结果见表 3-15～表 3-19,检测结果均符合《混凝土外加剂》(GB 8076—97)国家标准。

综上所述,汾河二库混凝土工程中所用的原材料均符合有关规程和标准的要求。

表 3-15　汾河二库大坝混凝土用外加剂试验结果汇总表

检测项目	泌水率比(%)	含气量(%)	凝结时间之差(min)	收缩率比(%)	含水率(%)	净浆流动度(mm)
合格标准	≥100	<4.5	初凝时间≥+90	≥135	/	/
检测结果	27.4～41.0	0.5～2.0	+300～+360	100	9.4	122

表 3-16　H2-2 缓凝高效减水剂试验结果汇总表

检测项目	减水率(%)	泌水率比(%)	凝结时间差(min) 初凝	凝结时间差(min) 终凝	收缩率比(%)	含水率(%)	净浆流动度(mm)
合格标准	≮10	≥95	−90～+120	−90～+120	≥135	/	/
检测结果	15	11.6	10	−20	94	6.5	135

表 3-17　DH3 复合高效减水剂试验结果汇总表

检测项目	减水率(%)	泌水率比(%)	凝结时间差(min) 初凝	凝结时间差(min) 终凝	收缩率比(%)	含水率(%)	净浆流动度(mm)
合格标准	≮10	≥95	−90～+120	−90～+120	≥135	/	/
检测结果	13.5～16.0	12.1～80.0	0～+30	+20～−20	110	6.96	124

表 3-18　DH3G 复合高效减水剂试验结果汇总表

检测项目	减水率(%)	泌水率比(%)	含气量(%)	凝结时间差(min) 初凝	凝结时间差(min) 终凝	收缩率比(%)	含固量(%)	净浆流动度(mm)	起泡能力	消泡时间
合格标准	≮6	≥80	>30	−90～+120	−90～+120	≥135	/	/	/	/
检测结果	6.0～6.7	47～75	4.0～5.0	+45～0～+75	+5～+20	96	49.36	122	10	200

表 3-19　DH9 引气剂试验结果汇总表

检测项目	减水率(%)	泌水率比(%)	含气量(%)	凝结时间差(min) 初凝	凝结时间差(min) 终凝
合格标准	/	≥100	≤2.0	−90～+120	−90～+120
检测结果	6	35	1	−40	−67

3.1.2　混凝土配合比

指挥部委托中国水科院结材所、武汉水电大学和山西省水科所先后进行了混凝土配合比的设计选优试验,在此基础上山西省工程局结合实际应用的原材料又进行了调整试验,并进行了碾压混凝土的现场试验,因此汾河二库大坝混凝土的配合比是比较可靠的。大坝碾压混凝土的配合比见表 3-20。由混凝土实际配合比可以看出,大坝内部三级配混凝土粉煤灰掺量和砂率较《水工碾压混凝土施工规范》(SL53—94)中规定的配合比稍大,但该配比已经过室内和现场试验的论证,因此汾河二库混凝土配合比的设计是合理的。

3.1.3　混凝土施工质量检测

1. 大坝碾压混凝土施工工艺

汾河二库大坝碾压混凝土和常规混凝土的拌和、运输、卸料、平仓、振动碾压、缝面处理、异种混凝土的浇筑方式和养护工艺及特殊气象条件下的施工工艺等均符合《水工碾压混凝土施工规范》(SL53—94)的有关规定。

2. 新拌混凝土的质量检测

大坝碾压混凝土拌和物性能检测结果见表 3-21,由表中检测结果可以看出,碾压混凝土的工作度 Vc 值符合施工规范的控制值 5～35 s 的规定。

3. 碾压混凝土压实容重检测

大坝碾压混凝土压实容重的检测结果见表 3-22 和表 3-23。由检测结果可以看出,大坝碾压混凝土的压实容重合格率均在 94% 以上,符合施工规范≥80% 的要求。

4. 大坝混凝土质量检测

① 大坝混凝土机口取样抗压强度检测和质量评定验收结果见表 3-24。由表中检测和评定结果可以看出,大坝碾压混凝土质量验收按《水工碾压混凝土施工规范》(SL53—94)有关规定评定均为合格。

3 汾河二库大坝质量检测资料分析

表3-20 汾河二库大坝碾压混凝土施工主要配合比统计表

浇筑部位	设计指标	基本参数				配合比							单位材料用量(kg/m³)								外加剂掺量			砂子种类
		水胶比	粉煤灰掺量(%)	砂率(%)	理论容重(kg/m³)	各组分比例			胶材			水	砂子	石子			总量	H2-2(%)	DH4A-1(%)	DH9(%)	
						胶材:水:砂子:石子	水泥	粉煤灰	总量				大石	中石	小石					
坝体内部混凝土	R90100S4D50	0.56	63	33.0	2424	1:0.56:4.45:9.04	60	101	161	90	717	335	655	466	1456		0.6	1.5	天然砂
		0.56	63	33.0	2450	1:0.56:4.51:9.15	60	101	161	90	726	442	589	442	1473			1.5	天然砂
		0.60	60	34.0	2451	1:0.60:5.01:9.73	60	90	150	90	752	438	583	438	1459		0.6	1.3	人工砂
		0.60	62	34.5	2498	1:0.60:5.19:9.86	57	93	150	90	779	444	591	444	1479		0.6	1.5	人工砂
		0.60	62	34.5	2440	1:0.60:5.06:9.61	57	93	150	90	759	432	577	432	1441		0.6	2.0	人工砂
坝体上、下游面层混凝土	水位变化区 R90200S8D150	0.43	45	32.0	2419	1:0.43:3.045:6.47	122	99	221	90	673		801	629	1430		0.6	1.5	天然砂
		0.45	40	35.0	2430	1:0.45:3.52:6.55	127	84	211	95	743		760	621	1381			1.5	天然砂
		0.50	30	36.0	2439	1:0.50:4.13:7.35	132	56	188	95	777		760	622	1380		0.6	1.3	人工砂
		0.50	45	35.5	2484	1:0.50:4.15:7.56	103	85	188	94	780		782	640	1422		0.6	1.5	人工砂
		0.50	45	35.0	2424	1:0.50:4.00:7.43	103	85	188	94	752		764	626	1390		0.6	2.0	人工砂
	水下 R90200S8D50	0.50	45	35.5	2430	1:0.50:4.01:7.28	104	86	190	95	761		761	623	1384		0.6	1.5	天然砂
		0.55	50	36.0	2483	1:0.55:4.80:8.52	83	84	167	92	801		783	640	1432		0.6	1.5	人工砂
		0.55	45	36.0	2430	1:0.55:4.68:8.32	92	75	167	92	782		764	625	1389		0.6	2.0	人工砂
	水上 R90200S8D100	0.50	45	35.0	2424	1:0.50:4.00:7.43	103	85	188	94	752		764	626	1390		0.6	2.5	人工砂

备注:使用商品料5~20 mm,自制料20~40 mm,40~80 mm时,二级配混凝土小石:中石=45:55,三级配混凝土小石:中石:大石=32:45:23。使用自制料时,二级配混凝土小石:中石=45:55,三级配混凝土小石:中石:大石=30:40:30。坝体上、下游水上部位使用混凝土1999年4月10日以后使用表中对应配合比,在此以前所用配合比同坝体上、下游水位变化区混凝土。

031

表 3-21　汾河二库大坝碾压混凝土拌合物性能检测结果汇总表

统计项目	气温(℃)	混凝土温度(℃)		混凝土 Vc 值(s)		含气量(%)
		出机	入仓	出机	入仓	
测数(个)	2 400	2 359	1 387	2 358	1 303	666
最大值	36.0	25.0	25.0	18.0	18.0	6.0
最小值	−6.0	2.0	0.0	2.0	4.5	2.0
平均值	14.0	14.3	13.2	6.9	7.3	4.2

②大坝混凝土机口取样抗渗和抗冻性能检测结果见表 3-25 和表 3-26。由检测结果可以看出,大坝混凝土的抗渗指标均满足设计要求。抗冻指标是采用慢冻法,而慢冻法在 1996 年颁布的《水工混凝土结构设计规范》(DL/T 5057—1996)中已经被取消,明确规定水工混凝土的抗冻试验采用快冻法。建议加强混凝土抗冻性检查,如有问题及时处理。

表 3-22　汾河二库大坝碾压混凝土压实容重检测结果汇总表

统计项目	三级配		二级配	
	容重(kg/m³)	压实度(%)	容重(kg/m³)	压实度(%)
测数(个)	4 786	4 786	2 537	2 537
最大值	2 552	102.5	2 541	103.2
最小值	2 402	96.2	2 403	96.7
平均值	2 476	100.1	2 457	100.4
合格率	99.9%		99.9%	

注:人工砂

表 3-23　汾河二库大坝碾压混凝土压实容重检测结果汇总表

统计项目	三级配		二级配	
	容重(kg/m³)	压实度(%)	容重(kg/m³)	压实度(%)
测数(个)	1 608	1 608	310	310
最大值	2 535	103.5	2 508	103.2
最小值	2 334	96.3	2 366	97.8
平均值	2 431	99.9	2 426	100.1
合格率	98%		94%	

注:天然砂

表 3-24　汾河二库大坝碾压混凝土抗压强度特征值及质量指标汇总表

浇筑部位			坝体内部混凝土	坝体上、下游面层混凝土		备注
设计指标			R90200S4D50	水上 R90200S8D50	水下 R90200S8D50	水位变化区 R90200S8D150	
强度特征值	统计数量（组）		363	28	15	117	混凝土实际龄期为设计龄期90 d
	最大值（MPa）		27.9	32.1	38.6	43.7	
	最小值（MPa）		12.1	18.1	22.9	21.9	
	平均值（MPa）		20.6	25.1	28.2	32	
	均方差（MPa）		3.14	3.28	4.59	3.76	
	标准差（MPa）		3.15			3.77	
	离差系数		0.15			0.12	
	概率系数		3.37			3.18	
	保证率（%）		99.9			99.9	
质量评定指标及标准值实测值	大样本 (n≥30)	验收函数（MPa） Ri-t6	标准值	≥10.0	≥20.0	≥20.0	≥20.0
			实测值	16.6	22.8	27.2	
		保证率（%）	标准值	≥90.0			>90.0
			实测值	99.9			99.9
	小样本 (10≤n<30)	第一条件（MPa） Ri-0.75n	标准值		≥16.6	25	
			实测值		22.8		
		第二条件（MPa） Ri-1.6Sn	标准值		≥16.6	≥16.6	
			实测值		19.9	20.9	
评定结果			合格	合格	合格	合格	

033

表 3-25 汾河二库大坝混凝土抗渗试验结果汇总表

浇筑部位	设计指标	统计数量（组）	实测值 最大水压力（MPa）	实测值 平均渗径（cm）	抗渗标号	评定结果
坝体内部混凝土	R90100S4D50	13	0.5	2.9~11.2	S>4	满足设计要求
坝体上、下游面层混凝土	R90200S8D50D100D150	23	0.9	2.8~13.8	S>8	满足设计要求
集水井、廊道、止水、左右坝肩	R90150S6D50	8	0.7	2.1~11.7	S>6	满足设计要求
溢流表孔坝段牛腿、墩墙	R90200S8D150	15	0.9	3.6~11.2	S>8	满足设计要求
溢流表孔坝段过水面	R90350S8D150	1	0.9	2.5	S>8	满足设计要求
挡水坝段泄流冲沙底孔过水面	R90500S8D150	3	0.9	4.2~10.2	S>8	满足设计要求
灌浆平洞、引张线平洞、上、下游廊道	R90200S8D150	5	0.9	2.0~10.8	S>8	满足设计要求

3 汾河二库大坝质量检测资料分析

表3-26 汾河二库大坝混凝土抗冻试验结果汇总表

混凝土类别	浇注部位		设计指标	统计数量(组)	实测值			评定结果
					重量损失率(%)	强度损失率(%)	抗冻标号	
碾压混凝土	坝体内部混凝土	水下	R90100S4D50	8(6)	0.27~3.31	8.7~22.7	D>50	满足设计要求
	坝体上、下游面层混凝土	水上	R90200S4D50	2(2)	0.02~0.22	11.8~23.1	D>50	满足设计要求
		水下	R90200S8D100	6(4)	0.02~0.80	6.4~11.1	D>100	满足设计要求
		水位变化区	R90200S8D150	8(7)	0.02~2.21	7.1~19.3	D>150	满足设计要求
常态混凝土	集水井、廊道、止水、左右坝肩		R90150S6D50	4(1)	0.03	5.8	D>50	满足设计要求
	溢流表孔坝段牛腿、墩墙挡水坝段牛腿、墩墙		R90200S8D150	7(5)	0~0.72	5.6~13.8	D>150	满足设计要求
	溢流表孔坝段过水面		R90300S8D150	1(0)				
	挡水坝段泄流冲沙底孔过水面		R90500S8D150	3(2)	0~0.60	3.1~9.6	D>150	满足设计要求
泵送混凝土	泥灌浆平洞、引张线平洞、上、下游廊道		R90200S8D150	2(1)	0	14.4	D>150	满足设计要求
备注	统计数量一栏中括号内数字为已做试验组数,括号外数字为总取样数量; 实测值一栏中数字为已做试件试验结果							

③ 大坝混凝土钻孔压水和取芯质量检测

按规范要求,指挥部组织了对大坝867.90～829.80 m高程碾压混凝土的钻孔压水和取芯检测工作,压水试验结果见表3-27。

表3-27 汾河二库大坝碾压混凝土钻孔压水试验结果表

施工方式	试段数量	透水率(Lu)			合计
		0.000 1～0.000 9	0.001～0.009	0.01～0.09	100
平面铺筑	110	0.9	92.7	6.4	

110段压水试验中,最大透水率为0.050 4 Lu(坝体三级配碾压混凝土),完全满足小于1 Lu的设计要求。大坝钻孔取芯样总计长度达160.22 m,岩芯获得率97.76%,岩芯采取率99.76%,芯样单根长度超过7.00 m的有16根,单根最长的为7.58 m,岩芯表面光滑,结构密实,胶结良好,按施工规范芯样外观评定达优良。

岩芯混凝土性能检测结果见表3-28。

表3-28 汾河二库大坝碾压混凝土取芯试验结果汇总表

试验项目		二级配碾压混凝土			三级配碾压混凝土		
		数量	平均值	范围	数量	平均值	范围
容重(kg/m³)		31	2 526	2 471～2 551	29	2 530	2 429～2 601
抗压强度(MPa)		13	34.1	17.3～45.9	22	24.5	14.8～33.0
劈裂强度(MPa)		7	3.18	2.85～4.43	17	2.93	1.47～4.12
静力弹模(10^4MPa)		6	2.69	2.04～3.31	8	2.09	1.55～2.70
轴拉强度(MPa)	本体	6	1.64	1.02～2.33	2	1.62	1.40～1.85
	层面	2	1.09	0.77～1.42	6	0.61	0.34～1.20
粘聚力(MPa)	本体	9	3.13	—	—	—	—
	层面	6	2.20	—	—	—	—
摩擦系数	本体	9	1.77	—	—	—	—
	层面	2	1.40	—	—	—	—
备注	试验规程:《水工混凝土试验规程》SD1011—82,《水工碾压混凝土试验规程》SL48—94。						

由检测结果可以认为,大坝碾压混凝土的压实容重大于设计要求,三级配碾压混凝土芯样的抗压强度均大于设计标号,上游面二级配碾压混凝土1#孔、2#孔,芯样强度均满足设计指标,仅3#孔(右岸3#坝)有两组试块(编号3-3-10、3-3-11,浇筑日期1998.8.18～19),抗压强度173～191 kg/m²,达不到设计200#的要求。说明在大坝右岸三号坝区上游防渗面层混凝土中,尚有个别部位

碾压密实度不够,抗压强度达不到设计要求。同时由标准芯样强度试验结果可以看出,芯样强度离差系数较大,三级配混凝土 Cv 值 0.19,二级配混凝土 Cv 值 0.25,远大于机口取样的 Cv 值 0.12～0.15。

3.1.4 混凝土的缺陷及处理

汾河二库大坝混凝土工程中,主要存在的缺陷为裂缝。

(1) 坝体裂缝及处理

坝体外部主要裂缝统计见表 3-29,从表中可以看出,3♯、4♯横缝和 13♯水平缝较为严重,3♯、4♯横缝均为从坝顶开裂而又贯穿至上下游面,缝宽 2.00 mm,缝长 40.50 m 和 31.97 m,缝深 3.50～4.00 m;13♯水平缝缝宽 1.00 mm,长 170.00 m,沿 874.70 m 高程大坝全部下游面直至两岸,缝深 1.30～2.30 m,个别部位达 5.20 m。

发现裂缝后指挥部组织了专家论证,3♯、4♯横缝产生原因主要是浇筑块太长 (59.50～71.20 m),夏季施工,温度应力过大而形成。13♯水平缝是 1998 年 3 月开始浇筑的越冬施工面,由于浇筑时上下层混凝土间隔时间过长,温度应力过大而形成。此类越冬施工面裂缝在其他北方地区的碾压混凝土坝中也有存在。

施工单位在 2000 年 4 月中旬至下旬对坝体外部的裂缝进行处理,处理方法为缝口凿槽,用预缩砂浆封堵,缝内采用水溶性聚氨酯灌浆。

(2) 大坝底部廊道上下游浇筑块的裂缝

在纵 5♯、纵 6♯廊道上下游浇筑块,发现了 4 条裂缝:

纵 5♯廊道上游浇筑块一条,位置在 0+123.00、坝 0+002.25;

纵 6♯廊道下游浇筑块三条,即 0+119.00、坝 0+049.50,0+132.00、坝 0+049.50,0+174.00、坝 0+049.50。

以上裂缝均在 1998 年 3 月 17 日发现,产生的原因据分析主要是浇筑块过长(48 m),二级配混凝土水泥用量较大,混凝土内部温度升高,温度应力过大。而在廊道浇筑块中间顶部产生了四条贯穿性裂缝,裂缝也延伸至浇筑块的上下游面。

对此类裂缝,浇筑块顶部采用裂缝凿槽,铺骑缝钢筋表面复盖砂浆的方法处理;浇筑块上下游面(非廊道面),采用裂缝凿槽回填膨胀砂浆,外部用 10 mm 厚的橡皮板和 8 mm 厚的钢板加角钢螺栓予以锚固压紧,钢板外部再浇 50 cm 的混凝土予以包固。廊道内侧裂缝采用凿槽后分层封堵的方法处理,裂缝内部均采用了灌浆封堵。四条裂缝经以上方法修补后,廊道内裂缝修补处未发现渗漏水,说明修补是成功的。

表 3-29　汾河二库坝体裂缝统计表

序号	裂缝位置		裂缝类别	裂缝宽(mm)	裂缝长(m)	备注
	高程(m)	桩号				
1	892~896	0+021.50	横缝	4.0	4.00	
2	902~894.6	0+023.00		2	7.15	
3	911.7~894.6	0+053.80		2	40.50	
4	911.7~900.93	0+175.15		3	31.97	
5	911.7~904	0+176.95		2	7.70	
6	896~879.73	0+182.00			16.27	
7	872~855	0+104.00		2	17.00	
8	857~875	0+188.15			18.00	
9	857.7~877.7	0+124.90			20.00	
小计	横向裂缝长度		162.59 m			
10	892	0+061.60 至 0+026.60	水平缝	1	35.00	
11	882	0+061.60 至 0+034.60		1	27.00	
12	879	0+061.00 至 0+036.60		1	25.00	
13	874.7	0+208.40 至 0+038.40		1	170.00	
14	882	0+170.00 至 0+200.00		1	30.00	
15	869.7	0+185.03 至 0+195.00			10.60	
16	880.93	0+182.00 至 0+179.90			2.10	
17	885.88	0+182.00 至 0+180.00			2.00	
18	896.2	0+179.80 至 0+178.80			1.00	
19	900.4	0+179.80 至 0+176.20			3.00	
小计	水平缝长度		305.70 m			
合计	裂缝总长度		468.29 m			

3.2　大坝层间结合及分缝特征

汾河二库大坝设三条横缝,将坝体分为四个坝段,即左、右岸挡水坝段,泄流冲沙底孔坝段和溢流表孔坝段。横缝不留缝宽,大坝上游防渗层有两种止水铜片,大坝下游水下横缝设橡胶止水带。纵向廊道穿越大坝横缝部位,沿廊道周围设一道封闭的橡胶止水带。大坝不设纵缝。

据《山西省汾河二库水利枢纽工程蓄水安全鉴定报告》(水利部水利水电规划设计总院,2000年6月)介绍,施工早期发现坝体外部有19条裂缝,其中9条竖向缝(横缝),10条水平缝。施工单位在2000年4月对上述裂缝进行了处理,处理方法为缝口凿槽用预缩砂浆封堵,缝内采用水溶性聚氨酯灌浆。

3.2.1 大坝下游

本次检查发现,在大坝下游面0+028.00、0+208.50附近各有1条未处理竖向裂缝(横缝),缝宽约2.50 mm、3.00 mm(图3-1,图3-5,图3-6),裂缝不渗水。对照监理单位绘制的裂缝图(1999年),这2条裂缝均在诱导缝位置。

大坝下游面存在的主要缺陷是渗漏水(图3-7),以及由渗漏水引起的混凝土冻融剥蚀。大坝下游面缺陷情况见图3-1。渗漏水从外观看分为层状渗水和点状渗水,各层状渗漏水情况汇总于表3-30。表中用检查时的层状渗漏水流淌长度,间接反应渗漏水量的大小。

表3-30 汾河二库大坝下游面层状渗漏水情况汇总表

渗漏水裂缝编号	位置	渗水缝长(m)	渗水流淌长度(m)	裂缝类型
1#	溢流表孔左侧	6.0	8.0	竖向
2#	溢流表孔左侧	1.0	1.0	横向
3#	溢流表孔左侧	4.0	0.5～泄流冲沙底孔检修平台	横向
4#	溢流表孔左侧	2.0	0.8	横向
5#	溢流表孔左侧	6.0	至泄流冲沙底孔检修平台,>6	竖向
6#	溢流表孔左侧	2.5	2.0～4.0	横向
7#	溢流表孔左侧	3.0	至泄流冲沙底孔检修平台,>34,水流较大	横向
8#	溢流表孔坝段	1.0	2.0	横向
9#	溢流表孔坝段	2.0	4.0	横向
10#	溢流表孔坝段	6.0	2.0	横向
11#	溢流表孔坝段	8.0	2.0	横向
12#	溢流表孔坝段	8.0	0.5～1.2	横向
13#	溢流表孔坝段	6.0	0.2～2.0	横向
14#	溢流表孔坝段	1.0	0.5	横向
15#	溢流表孔坝段	4.0	0.5～4.0	横向
16#	溢流表孔坝段	3.0	3.0	竖向
17#	溢流表孔坝段	4.0	0.2～4.0	横向

碾压混凝土坝渗流机制及预警指标研究

续表

渗漏水裂缝编号	位置	渗水缝长（m）	渗水流淌长度（m）	裂缝类型
18#	溢流表孔右侧	2.5	1.0～8.0	横向
19#	溢流表孔右侧	4.0	至泄流冲沙底孔检修平台	竖向
20#	溢流表孔右侧	1.5	1.5	竖向
21#	溢流表孔右侧	3.0	1.0	横向
22#	溢流表孔右侧	4.0	3.5～泄流冲沙底孔检修平台	横向
23#	溢流表孔右侧	1.0	水量较大，有接水装置	横向
24#	溢流表孔右侧	4.0	水量较大，有接水装置	竖向
25#	溢流表孔右侧	4.0	2.0	横向

由图 3-1、表 3-30 可见：

（1）共有 25 处渗漏水裂缝。其中水平向 19 条，竖向 6 条；溢流表孔左侧 7 条，溢流表孔右侧 8 条，溢流表孔溢流面 10 条。

（2）渗漏水较大的裂缝有 4 处，编号为 7#、22#、23#、24#，其中溢流表孔左侧 1 处，溢流表孔右侧 3 处，溢流表孔溢流堰渗漏量较小。

（3）坝面存在 5 个混凝土冻融剥蚀区（图 3-8），剥蚀面积分别为 100 m²、30 m²、14 m²、88 m²、116 m²，剥蚀深度分别为 40 mm、35 mm、20 mm、32 mm、42 mm。冻融剥蚀与大坝裂缝渗漏水有关。

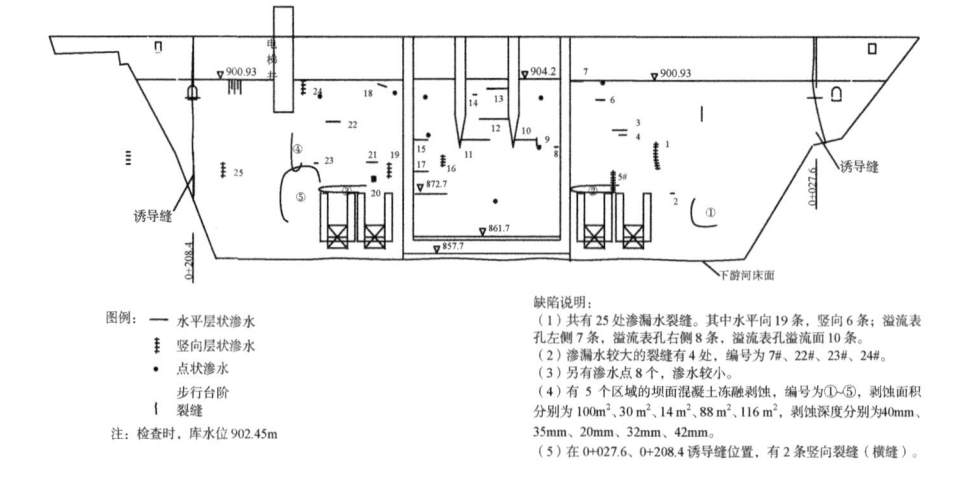

图 3-1 汾河二库大坝下游面缺陷示意图

3.2.2 大坝廊道

大坝廊道裂缝和渗水情况汇总见表 3-31。

表 3-31 大坝廊道混凝土裂缝和渗水情况检查表

廊道标号	裂缝数(条)	最大缝宽(mm)	是否渗水	备注
纵 1	2	1.2	否	
纵 7	4	1.5	否	
纵 2	3	2.0	否	
纵 8	1	1.8	是	通下游面
纵 3	3	0.1	否,但冬季渗水	1 处冻融剥蚀
纵 9	3		是	
纵 5	4(环向缝)		线状渗水	
纵 6	基本正常			
横 1、2、3	基本正常			2 个滴水点

1) 纵 1、纵 7 廊道(底高程 908.00 m)

纵 1 廊道为大坝左侧上部观测廊道。纵 1 廊道有 2 条裂缝:① 0+053.80,上、下游墙及底板有缝,裂缝已修补;② 0+069.40,上、下游墙及底板有缝,缝宽 1.20 mm(图 3-9)。以上裂缝均不渗水。

纵 7 廊道为大坝右侧上部观测廊道。纵 7 廊道有 4 条裂缝:① 0+185.00,顶和墙均有;② 0+225.50,下游墙,缝宽 1.50 mm;③ 0+242.50,顶和墙均有,缝宽 0.50 mm;④ 0+248.30,顶和墙均有,缝宽 0.45 mm。以上裂缝均不渗水。

2) 纵 2、纵 8 廊道(底高程 896.00 m)

纵 2 廊道是左坝端廊道。纵 2 廊道有 3 条裂缝:① 0+027.00,上、下游墙及底板有缝,缝宽 2.00 mm;② 0+042.00,下游墙,缝宽 0.80 mm;③ 0+032.00,下游墙,缝宽 0.30 mm。

纵 8 廊道是右坝端廊道。纵 8 廊道右端向外渗水。廊道进口上游墙裂缝,缝宽 1.8 mm,桩号 0+208.00,该裂缝为大坝下游面竖向裂缝(图 3-10)。

3) 纵 3 廊道(底高程 870.00 m)

纵 3 廊道为观测廊道。纵 3 廊道有 3 条裂缝:① 0+052.00,上游墙竖向裂缝,缝宽 0.10 mm,现不渗水,冬季渗水;② 0+115.00,环向裂缝,拱顶侧墙均有缝,少量渗水(图 3-11);③ 0+192.09,上游墙竖向裂缝,缝宽 0.10 mm,现不渗水,冬季渗水。廊道右端侧墙有 1 处冻融剥蚀,面积约 6 m²,剥蚀深度小于 50 mm。

4）纵9廊道（底高程851.00 m）

纵9廊道是右坝肩灌浆廊道。纵9廊道有3条裂缝：① 竖井上部拱顶裂缝，少量渗水（图3-12）；② 0+198.60，拱顶环向裂缝，线漏；③ 0+222.0，拱顶环向裂缝，滴漏。

5）纵5廊道（底高程832.00 m）

纵5廊道有4条环向裂缝，桩号分别为0+079.00、0+124.50、0+170.60、0+182.00，裂缝线状漏水。纵5廊道右端竖井有1个漏水点。

6）纵6廊道（底高程831.83 m）

纵6廊道基本正常。

7）横1、横2、横3廊道

连接纵5和纵6两条廊道的是3条横向廊道，从左至右编号分别为横1、横2、横3。横1、横3廊道基本正常。横2廊道底板有1个排水量最大排水孔；拱肩有1个漏水点，流量约9 L/min；拱顶有1个漏水点，漏水量较大（图3-13）。

8）其他

大坝左坝肩存在绕坝渗流，坝底形成小股水流（图3-14）。右坝端与岩体连接处有少量渗水（图3-15）。左坝端岩体在高程约882.00 m附近有4处渗水，渗水量不大，渗水流淌长度小于4 m（图3-16），除险加固工程完成后，相同库水位下，渗流基本不形成线流，浸润面积约1.3 m^2。左岸坝肩下游渗流得到明显改善。上游左岸浆砌石护坡基本完好，上游右岸混凝土挡墙基本完好。

图3-2 坝顶路面

图3-3 大坝上游坝面

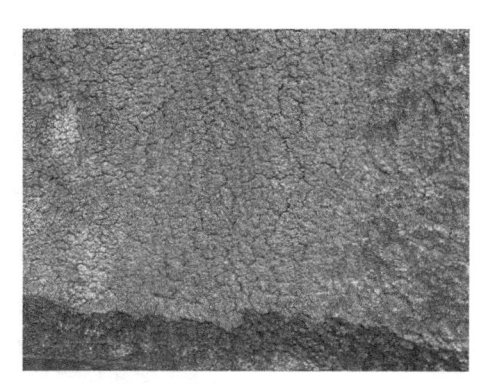

图 3-4　上游坝面保温层表面有老化层 　　　图 3-5　大坝 0+028.00 裂缝

图 3-6　大坝 0+208.50 裂缝 　　　图 3-7　溢流表孔左侧坝面渗漏水

图 3-8　溢流表孔左侧冻融剥蚀区 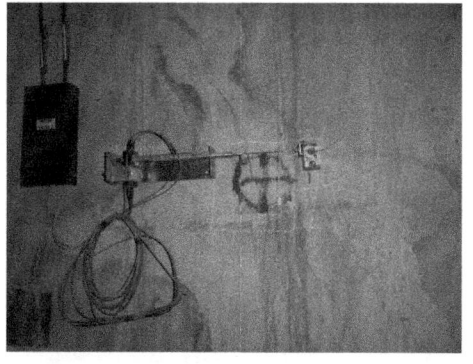　　　图 3-9　纵 1 廊道 0+069.40 环向裂缝

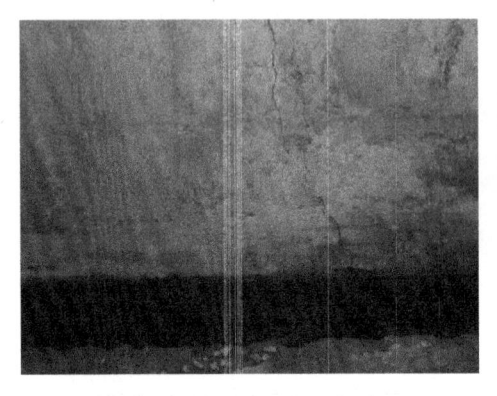

图 3-10　纵 8 廊道进口裂缝

图 3-11　纵 3 廊道 0+115.00 环向裂缝

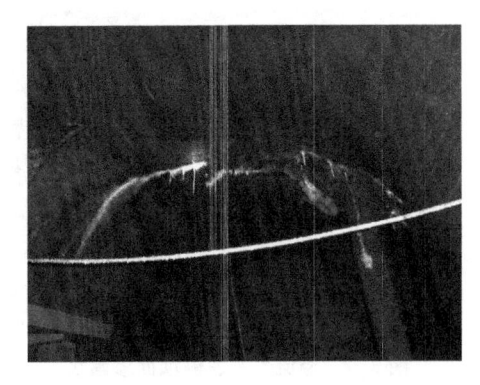

图 3-12　纵 9 廊道竖井上部拱顶裂缝、渗水

图 3-13　横 2 廊道拱顶漏水点，量较大

图 3-14　大坝左坝肩绕渗水流

图 3-15　大坝右端有少量渗水

图 3-16　左坝端岩体有 4 处渗水，在高程 882.00 m 附近，渗水流淌长度＜4 m

3.3　大坝施工灌浆情况分析

汾河二库工程于 1996 年 11 月开工建设，1999 年 12 月下闸蓄水，2007 年 7 月主体工程竣工验收。2014 年实施了应急专项除险加固工程，主要加固内容包括大坝下游 F10 断层混凝土连续墙加固及固结灌浆，左岸防渗墙下岩基固结灌浆和帷幕灌浆，右坝肩上游帷幕灌浆，左、右坝肩下游帷幕灌浆，坝基接触灌浆和坝体并缝灌浆，廊道自动排水系统改造。2016 年 9 月通过了应急专项除险加固工程竣工验收。

2013 年 2 月山西省水利厅组织专家对全省水库蓄水安全进行专项检查，认为汾河二库存在安全隐患，包括主体工程竣工验收时遗留的大坝灌浆工程仍未实施；上、下游坝面及坝体内有裂缝；上游坝面防水保温层脱落损坏严重，坝体有渗水；排水廊道排水设备严重老化，不能实现自动排水等。要求进行应急专项除险加固。

汾河二库应急除险加固工程不是基于病险水库的条件，而是由于大坝坝体坝肩固结和帷幕灌浆未完成导致渗流状态异常。渗流状态异常主要表现在应急除险加固前混凝土坝高温季节和低温季节廊道测得的渗流量差别很大，加固后有所改善，但异常现象仍存在，严重影响坝体安全，致使水库长期限制水位 899.55 m 运行，不能发挥正常效益。根据《汾河二库蓄水安全检查报告》，水库目前存在的主要问题如下：

1) 固结灌浆工程

汾河二库主体工程竣工验收时，坝基上游第1、2排未施工，其余河床段及左右岸坡均已完工，下游F10断层（26～33排）固结灌浆未全部完成，布置图见图3-17。

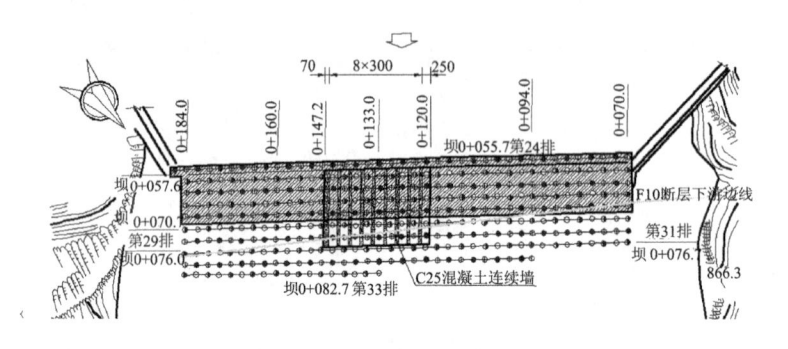

图 3-17　大坝下游 F10 断层固结灌浆平面图

2) 帷幕灌浆工程

根据"汾河二库灌浆工程完成情况说明"，主体工程竣工验收时，上游防渗帷幕桩号0+000.00至0+227.75 m段已完工，桩号0+227.75至0+275.00 m段（右岸引张线廊道）未施工，左岸防渗墙下防渗帷幕（桩号0-156.00至0+000.00）共布置78个孔，仅施工5孔；下游防渗帷幕灌浆范围为桩号0+010.25至0+214.00 m段，河床段全部完工，左右岸均未施工，其中左岸（桩号0+010.25至0+070.00）剩余1 801 m，右岸（桩号0+186.00至0+214.00）剩余1 308 m。

3) 坝基接触灌浆

坝基各区接触灌浆管道已按原设计埋设，但接触灌浆均未实施。

4) 并缝灌浆

溢流表孔两侧的0+99.20和0+147.20两道横缝855.00 m高程以下已按原设计布置了灌浆系统，但并缝灌浆均未施工。

5) 坝体排水

坝体排水工程中各层廊道顶拱钢管已经预埋，钻孔均未实施。

6) 坝基抽排系统

汾河二库大坝抽排水系统在主体工程竣工时已按设计图纸安装，但工程运行以来排水系统一直不能正常运行，目前廊道内积水达863.0 m高程，抽排水系统长期淹没在水下，水泵机组及相应的电器设备已经全部损坏，不能使用。

针对上述影响坝体安全问题,依据规程、规范进行工程除险加固实施方案设计,主要内容包括:

(1) 完成主体工程竣工验收时遗留的大坝灌浆工程,包括固结灌浆、帷幕灌浆、坝基接触灌浆和并缝灌浆。其中固结灌浆坝基上游未实施的第1、2排由于坝前蓄水位已至895.76 m,本次除险加固中未进行处理。下游游坝趾处F10断层加固处理方案为:在桩号0+120.00至0+147.20 m范围内垂直坝轴线方向增加9道C25混凝土连续墙,连续墙厚800 mm,中心间距3 m,墙深6 m,墙底高程824.00 m。顶高程为830.00 m,有效高度6 m,待连续墙混凝土强度达设计强度的70%后再进行固结灌浆。地下连续墙上游端起点桩号由坝0+057.60修改为坝0+060.00。原设计F10断层固结灌浆底高程为819.50 m(819.00 m),从"坝址工程地质剖面图(210S-312-B1-4)"可知,河床范围内岩土分界线高程为832.00 m左右,强风化带深度为2~4 m,固结灌浆孔深入基岩超过10 m,根据规范和其他相关工程经验,能满足工程要求。所以固结灌浆深度按原设计进行。下游F10断层(29~33排)固结灌浆孔、排距仍均为3 m,固结灌浆标准为透水率$q<3$ Lu,灌浆深入基岩819.00~819.50 m。固结灌浆剩余166孔,灌浆总深1 700 m。

(2) 加固后坝顶廊道排水孔仍未发挥作用,防渗面板效果不佳,只更换坝基排水廊道内抽水设施,实现自动排水。根据工程布置,大坝渗漏排水经布置在坝体内的廊道汇集流入集水井,再由长轴深井泵从集水井中抽水排至下游。工程共设置集水井2座,单井容积12.0 m×3.0 m×5.6 m,集水井底部一侧设置3.0 m×1.6 m×1.0 m集水坑。

3.4 小结

1. 汾河二库大坝工程质量评价

(1) 岸坡开挖施工方法合适,轮廓线较为整齐,达到设计和规范要求。基础采用柔性保护层开挖,建基面保护完整,达到设计要求。

(2) 坝基固结灌浆经检查孔压水试验,透水率均小于3 Lu,声波速度测试点大于4 000 m/s的占84.5%,固结灌浆质量总体上达到设计要求。

(3) 经检测,帷幕灌浆各段平均透水率均小于1 Lu,施工质量合格。

(4) 混凝土工程的设计指标总体上符合规范规定,局部混凝土耐久性设计指标稍偏低,如大坝上游水位变化区和溢流坝面的抗冻等级(宜≥F200)和供水发电洞混凝土衬砌的抗渗等级(宜≥W10),以及溢流部位混凝土的抗冲磨强度

(宜≥C40），可能影响混凝土耐久性，建议加强水位变化区和溢流面混凝土的检查和防冻融措施。

（5）混凝土工程所采用的原材料和混凝土配合比均符合规范要求。

（6）大坝碾压混凝土的施工工艺和方法合适，碾压参数由碾压试验确定，满足规范要求。

（7）经现场检测，机口取样和钻孔压水及芯样试验，大坝碾压混凝土的压实容重，抗压强度，抗渗、抗冻指标均达到了设计要求，碾压混凝土质量检测结果良好，满足设计和规范要求。

（8）大坝碾压混凝土施工中坝体和坝基廊道上下游浇筑块出现的裂缝（坝体19条，坝基4条）已经处理。

（9）根据蓄水安全鉴定报告，大坝质量存在两个疑虑：

① 人工骨料的碱活性问题。由于成勘院科研所按碳酸盐骨料论证人工骨料为非活性骨料，而水科院按快速法检验有碱活性的可能，因此导致了人工骨料是否存在碱活性的疑虑。

② 碾压混凝土抗冻等级的测试方法问题。大坝混凝土抗冻标号检测设计时按"慢冻法"测得，根据详细规范，混凝土抗冻等级要求用"快冻法"测试。两种方法测得的指标可能存在误差，导致了混凝土抗冻指标是否满足规范要求的疑虑。

根据目前碾压混凝土坝的运行情况，尚未发现碱活性破坏和抗冻性破坏的迹象，建议加强观测检查，发现问题及时处置。

2. 灌浆工程评价

（1）汾河二库建设期遗留了部分固结灌浆、帷幕灌浆、接触与并缝灌浆的内容未实施，使得大坝防渗体留有隐患，水库不能按设计正常运行。应急专项除险加固工程针对上述内容进行了设计，是必要的，有助于提高大坝防渗性，有助于水库按设计正常运行。

（2）坝体下游侧地下连续墙设计有助于坝体稳定，设计合理。根据钻孔揭示的砂砾石地层松散情况，预灌浓浆的处理方案是合适的。

（3）固结和帷幕灌浆施工方法和工艺满足规范要求，原材料经检测合格，经检测，灌浆的平均单位注灰量呈现Ⅰ、Ⅱ、Ⅲ序孔逐序递减的趋势，灌浆前透水率呈现Ⅰ、Ⅱ、Ⅲ序孔逐序递减的趋势，单位注灰量随着透水率的减少而减少，符合灌浆一般规律。经压水试验，各段吸水率均小于3 Lu，满足设计和规范要求。经取芯检查，水泥结石体胶结致密，强度高，施工质量满足要求。

（4）接触和并缝灌浆施工方法和工艺合适，施工资料表明灌浆情况基本符合设计要求。经凿槽检查,灌浆缝面呈闭合状态,灌浆效果良好。

(5) 地下连续墙施工方法和工艺合理,满足设计和规范要求;水泥、石子等原材料均经检测合格;经墙体、接缝及小墙钻孔取芯检查,芯样多呈长柱状,表面平整,抗压强度全部合格;混凝土抗压试块经检测,符合混凝土试块优良标准。

4 汾河二库大坝实测廊道渗流监测资料分析

4.1 渗流监测项目与布置

汾河二库的大坝安全监测设计的观测项目包括变形、渗流以及应力等。渗流监测项目包括坝基扬压力、坝体扬压力、绕渗压力、渗流量和库水位，共设置仪器 59 只（套）；其中渗流监测仪器和设备除已与建筑物施工同步埋设者外，大坝扬压力测压管、渗流量量水堰及水库水位等项目未进行安装埋设。

2014 年汾河二库开始了应急专项除险加固工程。2000 年至 2014 年间大坝安全监测系统几经变故，2015 年山西省水利厅立项，重建了新的汾河二库大坝安全监测系统，并建设了数据自动采集系统。

新建的渗流观测项目包括廊道扬压力、左右坝端绕坝渗流压力、廊道渗流量等。环境量观测项目包括温度、库水位、雨量、气压、气温等。水库还采用人工观测方法对库水位、坝体渗漏点渗漏量、廊道内渗流量、扬压力进行观测。

4.1.1 扬压力监测

1）旧扬压力观测测点

汾河二库旧扬压力观测系统设于 2015 年，2016 年开始观测。旧扬压力观测点选择了 832 廊道一些代表性部位的排水孔中的 20 个点，在其上安装压力表，观测扬压力。

2）新扬压力观测测点

2016 年底水库重新按照规范要求，设计安装了扬压力测点。在 832 廊道设计了 14 个扬压力测点，观测 832 高程廊道的纵 5 廊道和纵 6 廊道扬压力分布情况以及沿横 1、横 2 和横 3 廊道的扬压力分布情况。测点布置见图 4-1 和图

4-2。新扬压力和左右绕坝观测仪器安装埋设情况见表4-1。

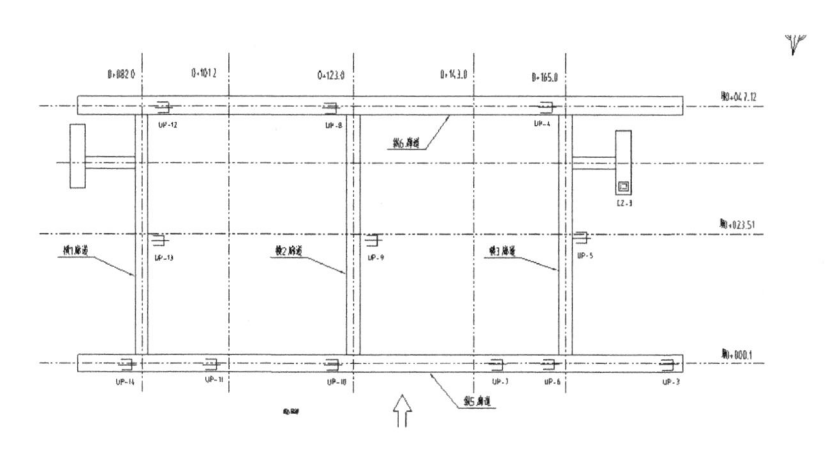

图4-1　832廊道采用渗压计观测扬压力的测点分布图

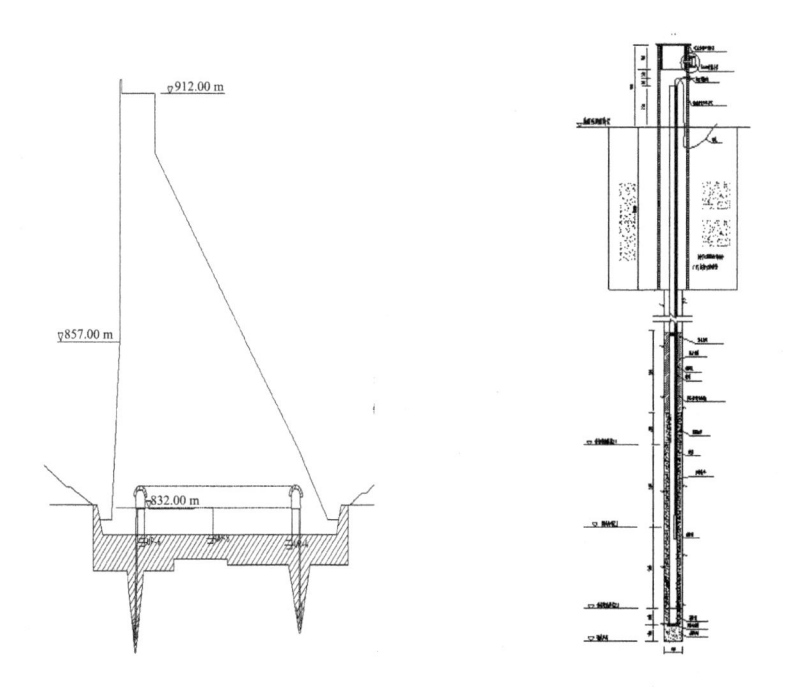

图4-2　0+165.00断面扬压力测点分布图　　**图4-3　测压管安装示意图**

测点处采用渗压计观测测压管水位,渗压计吊装在测压管内,管底高程为坝基下0.70 m处。测压管安装埋设示意图见图4-3。

各渗压计吊装高程均位于测压管管底。

渗压计采用美国基康公司的4 500 s振弦式压力传感器,量程700 kPa,精度小于满量程的 0.1%FS。

表 4-1　新扬压力和左右坝肩绕渗观测设施基本情况表

测点编号	测压管安装 桩号(m)	孔口底高程(m)	轴距(m)	渗压计安装高程(m)	测点所在位置
UP1	0+212.20	888.80		888.80	右岸896廊道
UP2	0+194.00	843.48		843.48	右岸851灌浆平洞
UP3	0+186.00	827.42		827.42	832廊道,纵5
UP4	0+164.00	826.96		826.96	832廊道,纵6
UP5	0+163.00	827.81	24	827.81	横3廊道
UP6	0+163.50	827.295		827.295	832廊道,纵5
UP7	0+148.00	827.37		827.37	832廊道,纵5
UP8	0+120.10	823.83		823.83	832廊道,纵6
UP9	0+122.00	825.47	24	825.47	横2廊道
UP10	0+121.50	826.93		826.93	832廊道,纵5
UP11	0+098.00	826.89		826.89	832廊道,纵5
UP12	0+084.00	823.77		823.77	832廊道,纵6
UP13	0+082.00	829.95	24	829.95	横1廊道
UP14	0+080.00	827.85		827.85	832廊道,纵5
UP15	0+049.50	847.50	0.5	847.50	左岸851灌浆平洞
UP16	0+030.00	888.85	0.5	888.85	左岸896廊道
UPR1	0+227.70	877.24	1	877.24	右岸绕坝
UPR2	0+226.00	880.76	16	880.76	右岸绕坝
UPR3	0+224.00	880.03	27	880.03	右岸绕坝
UPR4	0+222.00	881.54	35	881.54	右岸绕坝
UPL1	0+008.00	879.04	1	879.04	左岸绕坝1
UPL2	0+007.30	880.79	5	880.79	左岸绕坝1
UPL3	0+007.30	880.74	10	880.74	左岸绕坝1
UPL4	0+029.00	882.01	3	882.01	左岸绕坝2
UPL5	0+029.00	880.90	8	880.90	左岸绕坝2
UPL6	0+028.00	879.26	18	879.26	左岸绕坝2

4.1.2　渗流量监测

2016年汾河二库设计布置了23个廊道渗流量测量量水堰,堰上水头采用美国基康公司的振弦式4675LV-1传感器测量,量程300 mm,精度约为0.01%~0.02%FS。各量水堰水流分别流入832廊道两侧的1♯和2♯集水井。在1♯和2♯集水井的量水总堰处同时采用读数尺人工观测堰上水头,观测渗流量。

4.2 渗流监测资料整理检验及修正

4.2.1 扬压力

根据水库管理人员反映,他们在2016年选取了有代表性的20根排水管作为扬压力观测设施,在其上安装了压力表,压力表的读数作为扬压力。根据上述说法,观测到的压力不是坝基扬压力,而是排水孔平均压力,没有分析的必要。

1. 832高程廊道扬压力

1) 纵5廊道

纵5廊道为上游侧廊道,灌浆帷幕下游侧布置了UP3、UP6、UP7、UP10、UP11、UP14共计6只渗压计,其中UP14无数据。其他测点扬压力水头过程线如图4-4所示(本章月份横坐标刻度线数值均表示在月末)。

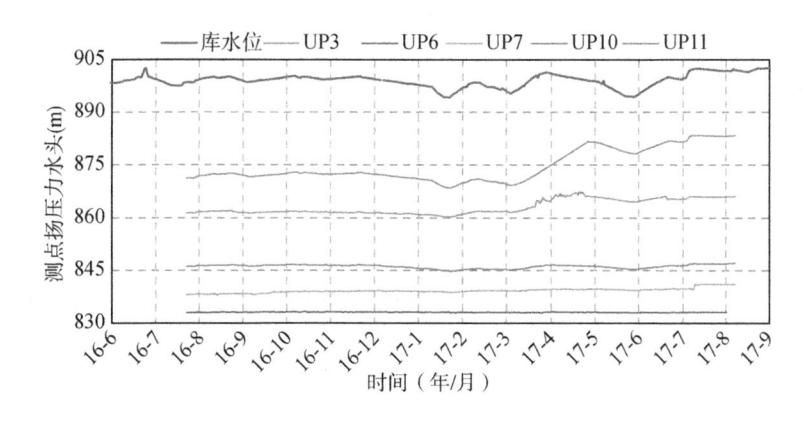

图4-4 纵5廊道测点扬压力水头过程线

理论上说,该部位扬压力水位应该有以下特点:

① 与库水位有较好的正相关性,随库水位变化而变化,库水位升高时,扬压力会有所增大。

② 低于库水位,高于下游水位。该水库下游水位为856.49 m,基本不变,泄洪时,稍有增加。

从图4-4可见,5只仪器测值中只有UP3和UP11扬压力水位随库水位变化,且低于库水位,高于下游水位 856.49 m,变化合理。UP10 虽然扬压力水位随库水位略有变化,但其低于下游水位,不合理。其他 UP6、UP10 扬压力水位和库水位变化无关联,基本不变,又低于下游水位,数据不合理。因此可用于进一步分析扬压力系数的只有 UP3 和 UP11 两点所采集到的数据。

832 高程纵 5 廊道扬压力系数 α 计算公式为:

$$\alpha = \frac{H - H_2}{H_1 - H_2} \tag{4-1}$$

式中:H—测点扬压力水位,m;

H_1—上游库水位,m;

H_2—下游水位,m。

取 2017 年 7 月 29 日数据计算 UP3 和 UP11 的扬压力系数,计算结果见表 4-2。

表 4-2 纵 5 廊道 UP3 和 UP11 的扬压力系数计算表

编号	坝基高程(m)	管底高程(m)	扬压力水位(m)	库水位(m)	扬压力系数	时间(年/月/日)
UP3	828.00	827.42	866.08	902.30	0.21	2017.7.29
UP11	828.00	826.89	883.41	902.30	0.59	2017.7.29

计算结果表明,纵 5 廊道 0+186.00 UP3 处扬压力系数为 0.21,说明此处上游防渗帷幕防渗效果较好,满足设计要求的 0.3。桩号 0+098.00m 的 UP11 处扬压力系数为 0.59,不满足设计要求,说明该处防渗帷幕的防渗效果没有达到设计预期要求。

2) 纵 6 廊道

纵 6 廊道位于大坝下游侧,在下游防渗帷幕上游侧布置了 UP4、UP8 和 UP12 三只渗压计,其实测扬压力见图 4-5。

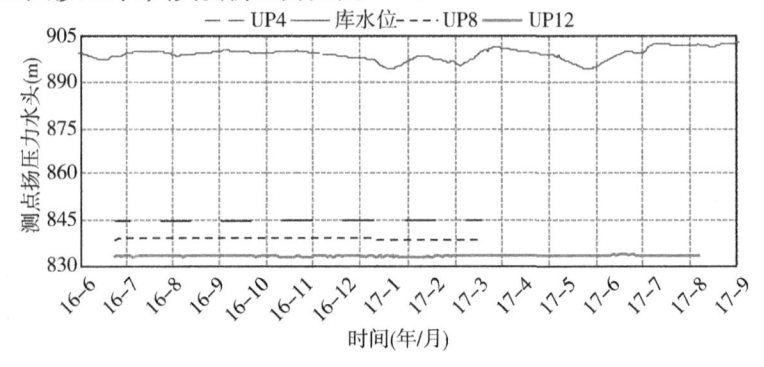

图 4-5 纵 6 廊道各测点扬压力水头过程线

理论上说,下游帷幕的作用是降低由下游水位产生的坝基浮托力,因此在帷幕上游侧布置扬压力测点的目的是监测帷幕降低浮托力的效果,设计要求至少要减少一半的浮托力,即残余扬压力系数 $\alpha_2=0.5$。

从图 4-5 中可以看出,UP4、UP8 和 UP12 扬压力水头基本不变,原因是下游水位基本不变。另一方面扬压力水位均低于下游水位,高于坝基高程,因此数据合理。但 UP4 和 UP8 在 2017 年 3 月中旬之后数据十分异常、混乱突变,均已删除,可能是仪器故障所导致,建议修复。上述数据可用于分析纵 6 廊道处扬压力系数。

残余扬压力系数 α_2 计算公式如下:

$$\alpha_2 = \frac{H - H_0}{H_2 - H_0} \tag{4-2}$$

式中:H—测点扬压力水位,m;

H_0—测点坝基高程,m;

H_2—下游水位,m。

选择 2017 年 4 月 5 日的数据,UP4、UP8 和 UP12 处的残余扬压力系数计算结果见表 4-3。

表 4-3 纵 6 廊道残余扬压力系数计算结果表

编号	坝基高程(m)	管底高程(m)	扬压力水位(m)	下游水位(m)	扬压力系数	时间(年/月/日)
UP4	828.00	827.70	845.18	856.49	0.60	2017.4.5
UP8	824.00	823.90	838.00	856.49	0.43	2017.4.5
UP12	824.00	923.80	833.18	856.49	0.28	2017.4.5

计算结果表明,桩号 0+084.00 m 处 UP12 的残余扬压力系数为 0.28,该处防渗帷幕效果满足设计要求。0+120.10 m 处 UP8 残余扬压力系数为 0.43,满足设计要求。0+164.00 m 处 UP4 残余扬压力系数为 0.60,不满足设计要求。

3) 横 1 廊道

横 1 廊道布置了 UP12、UP13 和 UP14 三只仪器,UP13 和 UP14 无数据,UP12 测点已在纵 6 廊道中分析过。

4) 横 2 廊道

横 2 廊道布置了 UP8、UP9 和 UP10 三只仪器,测点水位过程线见图 4-6。

UP8 处于纵 6 廊道,前面已经分析过,其残余扬压力系数为 0.43。UP10 处于纵 5 廊道,由于其扬压力水位低于下游水位,不合理,未采用其数据进行分析。UP9 扬压力水位按理应高于 UP8 的,但实际上却低于 UP8 约 10 m,数据极不

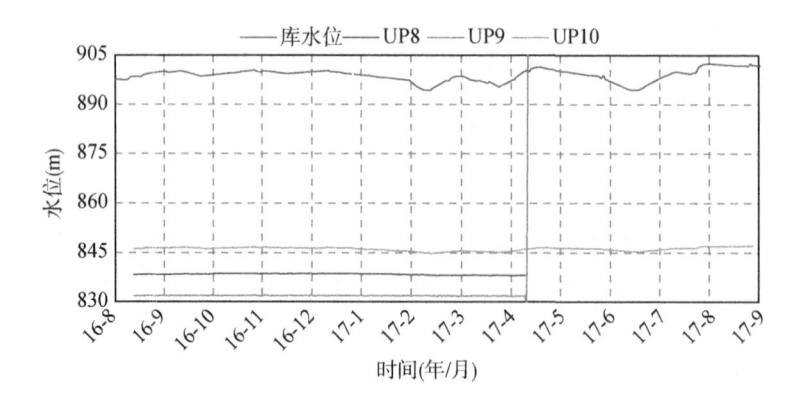

图 4-6　横 2 廊道测点扬压力水位过程线

合理,不予分析。

5) 横 3 廊道

横 3 廊道布置了 UP4、UP5 与 UP6 三只仪器,测点扬压力测值过程线见图 4-7。

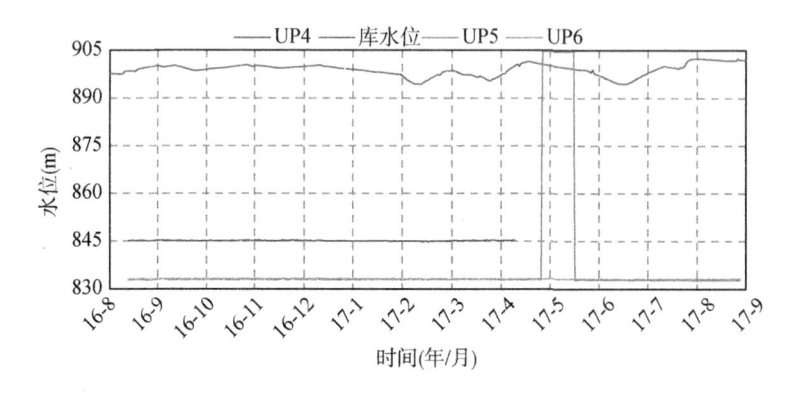

图 4-7　横 3 廊道测点扬压力水位过程线

UP4 测点位于纵 6 廊道,前面已经分析过,其残余扬压力系数为 0.60。UP6 位于纵 5 廊道,由于其水位不随库水位变化,且低于下游水位,故判定其数据不合理。UP5 测点水位按理应高于 UP4,但实际上却低于 UP4 测点 15 m,数据极不合理,故不予分析。

2. 左右岸坡段 851 灌浆平洞和 896 廊道的扬压力

左岸 851 灌浆平洞布置了 UP15 扬压力测点,但无数据。左岸 896 廊道布置了 UP16 测点。右岸 851 灌浆平洞布置了扬压力测点 UP2,右岸 896 廊道布置了 UP1 测点。UP1、UP2 和 UP16 三个测点的扬压力水位过程线见图 4-8。

图中可见，三个测点的扬压力水位变化情况和库水位变化均有一定关联性，位于896高程的UP1和UP16的扬压力水位较高，和库水位变化关系明显。以上三点的数据基本可信，可用于进一步分析。

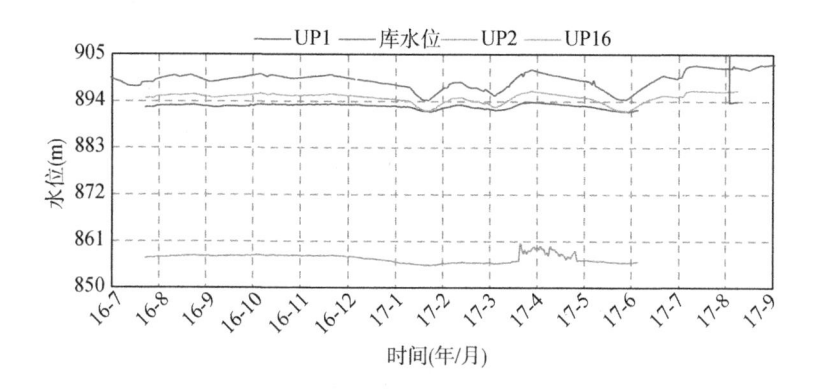

图 4-8　左右岸坡段三个测点的扬压力水位过程线

岸坡段测点扬压力水位往往高于下游水位，故其扬压力系数 α 采用下式计算：

$$\alpha = \frac{H - H_0}{H_1 - H_0} \quad (4-3)$$

式中：H 为测点扬压力水位；H_0 为测点处底板高程，如 $H_0 < H_2$，则取 $H_0 = H_2$；H_1 为库水位。

选择 2017 年 4 月 25 日的数据，UP1、UP2 和 UP16 处的扬压力系数计算结果见表 4-4。

表 4-4　岸坡段扬压力系数计算结果表

编号	坝基高程(m)	管底高程(m)	扬压力水位(m)	库水位(m)	扬压力系数	时间(年/月/日)
UP1	889.00	888.80	893.83	901.11	0.40	2017.4.25
UP2	844.00	843.48	859.44	901.11	0.07	2017.4.25
UP16	889.00	888.85	896.33	901.11	0.61	2017.4.25

计算结果表明，右岸桩号 0+212.20 m 处 896 廊道中的 UP1 和桩号 0+194.00 m 处 851 灌浆平洞中的 UP2 扬压力系数分别为 0.40 和 0.07，满足设计要求的 0.4，说明右岸防渗处理达到设计要求，基本不存在绕渗问题。

左坝端桩号 0+030.00 m 处 896 廊道中的 UP16 扬压力系数为 0.61，高于设计（规范）要求，可能受左岸绕渗的影响较大所致。

3. 右坝端绕坝渗流

右坝端 UPR1 至 UPR4 四只渗压计的渗流压力水头过程线见图 4-9。

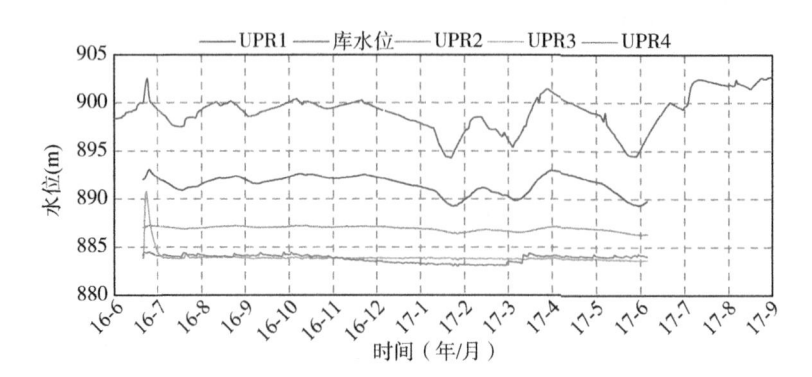

图 4-9　右坝端绕渗监测点渗流压力水头过程线

图中可见，UPR1 处的水位变化和库水位变化有较好的关联性，UPR2 和库水位有一定关系，UPR3 没有关系，UPR4 基本没有关系。

UPR1 测点位于坝轴线下游侧 1 m 处，比库水位降低了约 7～8 m。UPR2 测点位于轴线后 16 m，比库水位降低约 14 m。数据表明右岸帷幕灌浆的防渗效果是好的。

4. 左坝端绕坝渗流

左坝端绕坝渗流观测布置了 UPL1 至 UPL6 六只渗压计，UPL3 和 UPL4 两点的渗流压力水位变化与库水位无关联性，为一条直线。另外四点的水位变化和库水位有较好关联性，其渗流压力水位过程线见图 4-10。

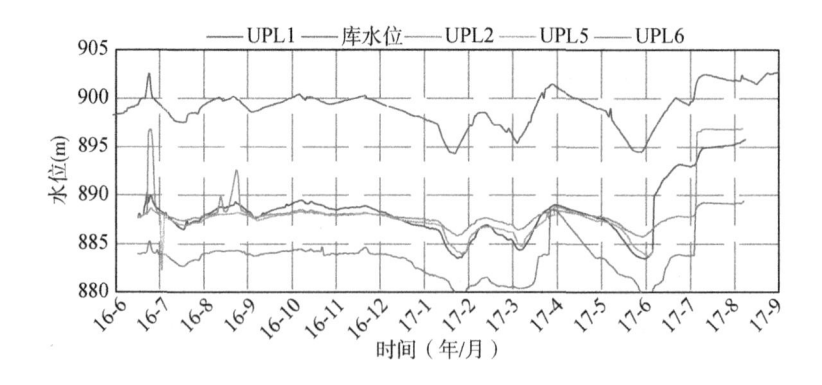

图 4-10　左坝端绕渗监测点渗流压力水位过程线

从图 4-10 可以看出，UPL1、UPL2、UPL5、UPL6 测点处水位变化均与库水位关联良好,UPL1 测点位于坝轴线下游侧 1 m 处,比库水位降低了约 13 m,说明左坝端防渗帷幕的防渗效果良好。但 UPL2 和 UPL5 测压管水位和 UPL1 基本相同,说明岩石较为破碎,渗流较为通畅,可能对左坝端渗流造成影响。

5. 各扬压力孔工作情况及建议

各扬压力孔工作情况及建议汇总见表 4-5。

表 4-5 各扬压力孔工作情况及建议

测点编号	布设目的	现状工作状态	建议
UP1	监测右侧岸坡扬压力情况	数据合理,工作正常,$\alpha=0.40$	
UP2		数据合理,工作正常,$\alpha=0.07$	
UP3	监测上游防渗帷幕的防渗效果	数据合理,工作正常,$\alpha=0.21$	
UP6		数据不合理,不随库水位变化,低于下游水位。工作状态不正常	检查数据不合理原因以及和压力表测得扬压力数据不同的原因,并改造完善
UP7			
UP10			
UP11		数据合理,工作正常,$\alpha=0.59$	
UP14		无数据	检查是否仪器损坏,改造完善
UP5	监测上下游防渗帷幕之间的扬压力情况	数据不合理,不随库水位变化,低于纵 6 相应测点水位。工作状态不正常	检查数据不合理原因,改造完善
UP9			
UP13		无数据	检查是否仪器损坏,改造完善
UP4	监测下游防渗帷幕的防渗效果	数据合理,工作正常,相应残余扬压力系数 α_2 分别为 0.60、0.43 和 0.28。	
UP8			
UP12			
UP15	监测左侧岸坡扬压力情况	无数据	检查原因,改造完善
UP16		数据合理,工作正常,$\alpha=0.61$	
UPR1	监测右侧坝端防渗帷幕效果以及绕坝渗流情况	数据合理,工作正常,监测资料表明右坝端防渗效果较好,绕渗对右坝岸坡渗流基本没有影响	
UPR2			
UPR3			
UPR4			
UPL1	监测左侧坝端防渗帷幕效果以及绕坝渗流情况	数据合理,工作正常,监测资料表明左坝端防渗效果较好,但绕渗对左坝岸坡渗流影响较大	
UPL2			
UPL5			
UPL6			
UPL3		数据不变,为一条直线,不合理	检查原因,改造完善
UPL4			

4.2.2 渗流量

汾河二库在廊道中设有23个量水堰,最后均汇入1♯和2♯集水井。渗流量监测时间为2016年1月1日至2017年10月下旬,1♯、2♯集水井渗流量以及坝体廊道总渗流量过程线见图4-11。

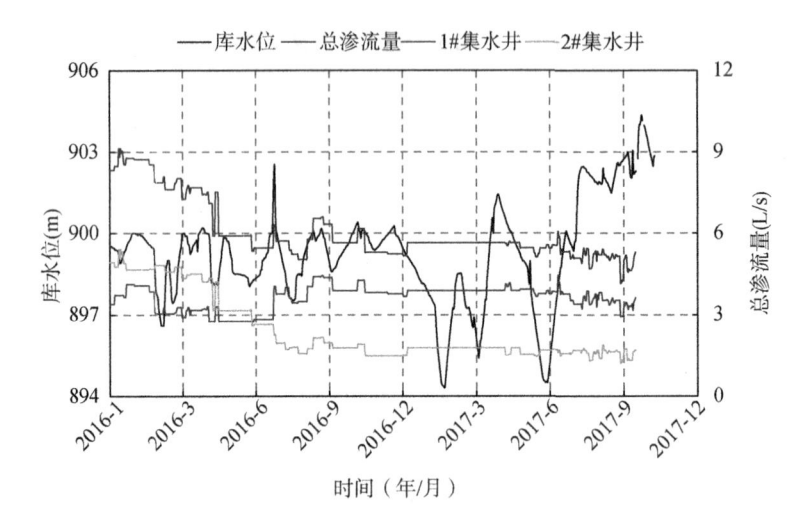

图4-11 1♯、2♯集水井以及廊道总渗流量过程线图

从图4-11中可以看出：

(1) 1♯集水井渗流量在2016年初表现出随库水位变化而变化的特点,最大渗流量为4.12 L/s,至2016年9月底,渗流量基本上不随库水位变化而变化,基本稳定在3.89 L/s。2017年7月底,库水位持续升高至历史最高水位904.35 m,1♯集水井渗流量没有随库水位增加而增加,基本稳定在2.94～4.18 L/s之间。

(2) 2♯集水井渗流量一直稳步下降,自2016年初最大值5.33 L/s稳步下降至2017年2月的1.76 L/s。2017年2月以后有3次库水位的突升和突降,2♯集水井渗流量未见波动,特别是2017年8月后库水位达到历史最高水位904.35 m,渗流量未见增加,稳定在1.31～1.88 L/s之间。

(3) 根据上述两个集水井的资料,得到廊道总渗流量的变化规律。总体来看,廊道总渗流量在2016年初达到最高,为9.05 L/s,总体呈稳步下降趋势,2017年4月平稳在5.65 L/s。目前,廊道总渗流量呈基本稳定状态,最小值为4.25 L/s。

综上所述,从2016年9月开始,大坝防渗体系得到了进一步完善,廊道总渗流量变幅减小,但仍有不稳定的波动,具体廊道的渗流量变化还需进一步进行分析。

4.2.3 廊道壁渗流量

汾河二库廊道上游壁一直有多个渗水点,水库管理人员采用容积法对渗水点的渗流量进行了量测。2016年上游壁渗水点包括832廊道832A～832G共7点,851廊道的851A、851B以及合并后的851共3点,870廊道的870A与870B共2点,总计12点。

2016年加固工程实施后,渗水点减少了,2017年剩下了832A、832C、832D、832G以及851A、851B和合并的851总计7点。2017年廊道上游壁渗水点渗水量过程线见图4-12。

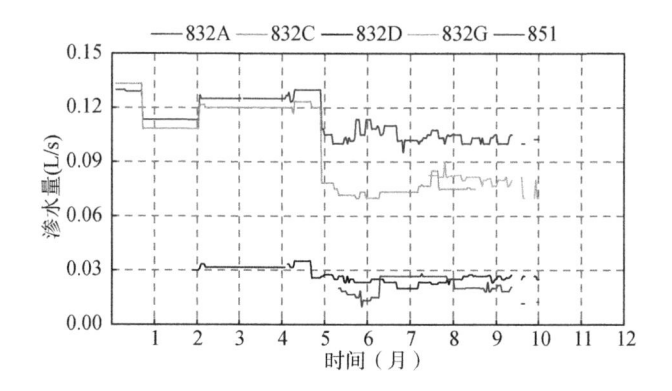

图4-12 2017年廊道上游壁渗水点渗水量

从图4-12可以看出,2017年廊道上游壁渗水情况基本稳定,渗流量不随库水位变化而变化,最大渗水点(832A)的渗流量稳定在0.1 L/s,廊道壁总渗流量约为0.309 L/s。

综上所述,大坝渗流观测资料分析结果表明,廊道上游壁渗水点渗水量在加固工程实施后有所减少但仍有不稳定的波动。

4.3 渗流量时间过程及特征值分析

2016年汾河二库设计布置了23个廊道渗流量测量量水堰,堰上水头采用美国基康公司的振弦式4675LV-1传感器测量,量程300 mm,精度约为0.01%～0.02%FS。各量水堰水流分别流入832廊道两侧的1#和2#集水井。在1#和2#集水井的量水总堰处同时采用读数尺人工观测堰上水头,观测渗流量。以

23个廊道渗流量为研究对象,根据所测得的数据,除去不合理的数据,对剩余的WE-6、WE-7、WE-8、WE-9、WE-10、WE-11、WE-12、WE-13、WE-16、WE-17、WE-18、WE-19、WE-20、WE-21、WE-22、WE-23共16个测点的数据予以分析。

4.3.1 绕坝渗流历史测值评价

2019年汾河二库左、右岸绕坝渗流历史测值过程线见图4-13和图4-14。

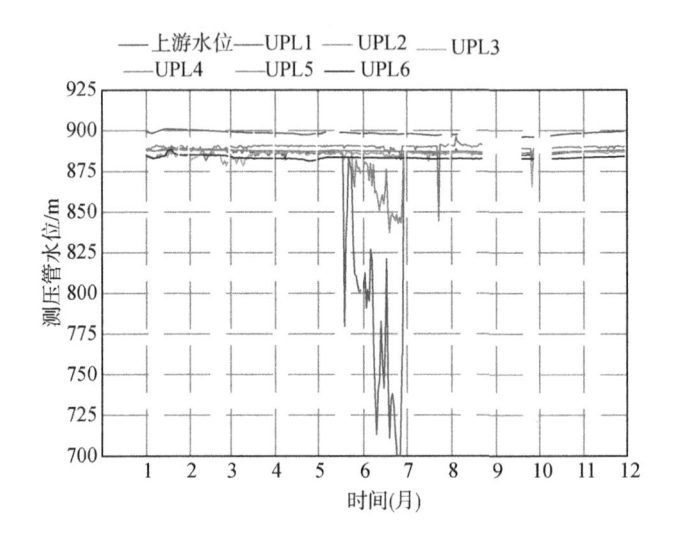

图4-13　2019年左岸绕坝渗流历史测值过程线

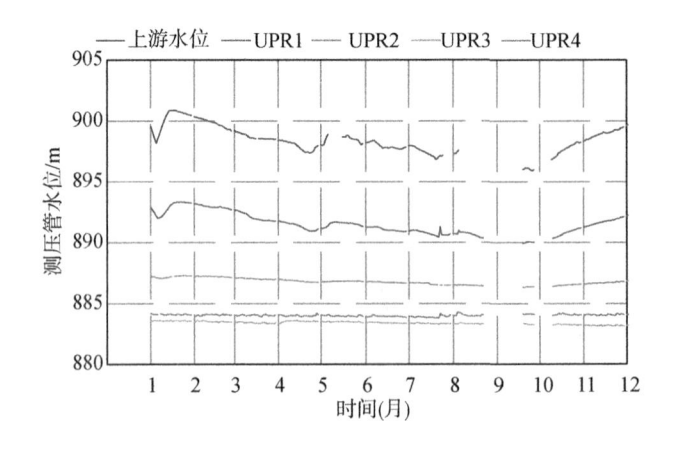

图4-14　2019年右岸绕坝渗流历史测值过程线

由图 4-13 和图 4-14 可知，所有绕坝渗流测点在 2019 年 8 月底到 10 月上旬数据大量缺失。仅考虑已获得测值的合理性和规律性，将各绕坝渗流测点历史测值评价结果汇总于表 4-6。

表 4-6 绕坝渗流历史测值评价结果汇总表

测点编号	特征描述	评价结果
UPR1	测值变化与上游水位变化关系密切	可靠
UPR2	测值变化与上游水位变化有一定关系	基本可靠
UPR3	测值基本不变，与上游水位变化无关	不可靠
UPR4	测值基本不变，与上游水位变化无关	不可靠
UPL1	测值 2019 年 5 月至 7 月有不合理突跳	不可靠
UPL2	测值 2019 年 5 月至 7 月有不合理突跳	不可靠
UPL3	与上游水位变化无关，有突跳测值	不可靠
UPL4	与上游水位变化无关，有突跳测值	可靠
UPL5	测值变化与上游水位变化有一定关系	基本可靠
UPL6	测值变化与上游水位变化关系密切	可靠

4.3.2 测点渗流量

WE-1、WE-2 测点已拆除，WE-3、WE-4、WE-5、WE-14 以及 WE-15 测点测值为负数，明显不合理，评价为不可靠，剩余测点渗流量历史测值过程线见图 4-15 至图 4-19。

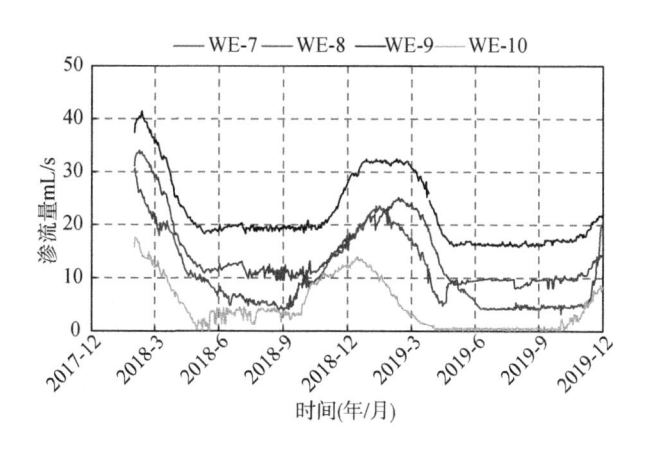

图 4-15 870 廊道测点渗流量测值过程线

从图 4-15 可以看出，870 廊道的四个测点 WE-7、WE-8、WE-9、WE10 在

加固后渗流依然明显,且呈现出较明显的冬季渗流多、夏季渗流少的规律。

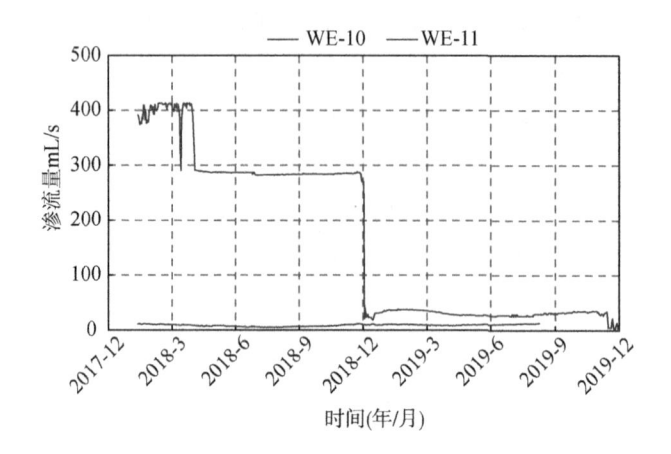

图 4-16 851 廊道渗流量测值过程线

从图 4-16 中可以看出,WE-11 测点在 2019 年初后渗流量有着明显的改善,渗流量大幅减少,并开始呈现规律性。WE-10 测点测值变化不大,规律性不明显,且在 2019 年 8 月中后旬渗流量数据出现了负值(绘图时已舍去)。对 WE-11 测点从 2019 年初开始的数据进行分析,其渗流量测值过程线见图 4-17。从图 4-17 中可以看出在这段时间内 WE-11 测点渗流量呈现出较明显的冬季多夏季少的特点。

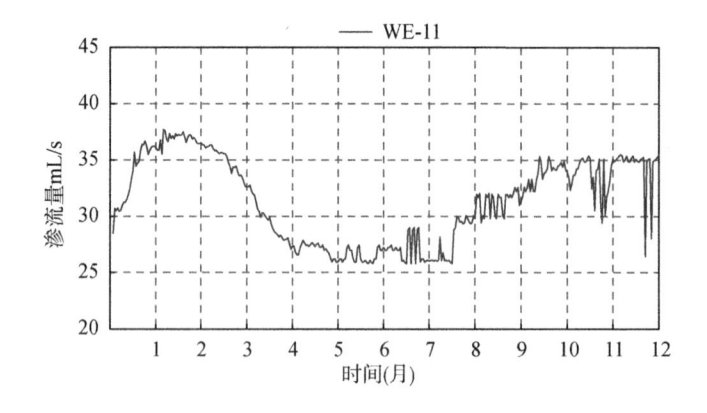

图 4-17 WE-11 测点 2019 年渗流量测值过程线

从图 4-18 和图 4-19 中可以看出,832 廊道测点的渗流量大多保持平稳的状态,偶尔几日渗流量的突增,经查明是由于当地当日降雨导致渗流量短期的突变。测点 WE-16、WE-18、WE-23 渗流量也存在冬季渗流量变多的现象,但是由于数据缺失月份过多不做进一步特征性分析。

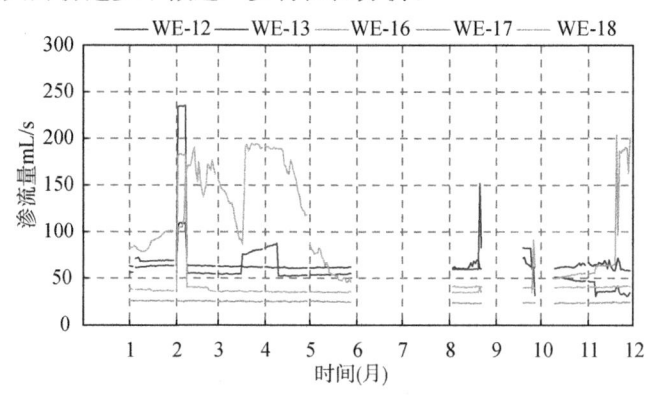

图 4-18　832 廊道 2019 年渗流量测值过程线(1)

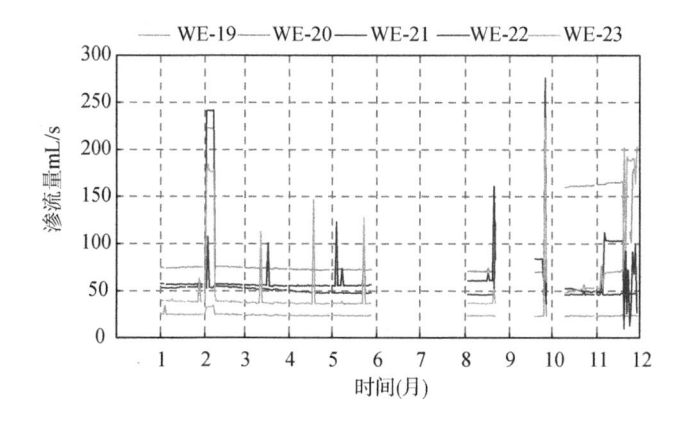

图 4-19　832 廊道 2019 年渗流量测值过程线(2)

廊道渗流量测点特征值分析见表 4-7。

表 4-7　测点渗流量特征值

测点	最大值(mL/s)	最大值出现日期	最小值(mL/s)	最小值出现日期	平均值(mL/s)
WE-6	17.60	2018/2/2	0.05	2018/8/8	6.81
WE-7	34.00	2018/2/8	4.56	2018/8/10	15.64
WE-8	41.37	2018/2/12	11.72	2018/8/10	22.94
WE-9	30.58	2018/2/2	2.25	2018/9/7	12.88
WE-10	354.91	2018/2/2	4.91	2018/8/13	11.17
WE-12	188.43	2019/12/20	58.10	2019/11/19	71.12
WE-13	235.24	2019/2/7	20.11	2019/12/29	62.10

续表

测点	最大值(mL/s)	最大值出现日期	最小值(mL/s)	最小值出现日期	平均值(mL/s)
WE-16	211.23	2018/5/9	33.33	2018/7/30	76.88
WE-17	77.11	2019/12/30	21.37	2018/9/17	27.34
WE-18	194.34	2019/3/23	32.32	2018/12/7	67.56
WE-19	210.56	2018/6/1	21.69	2018/9/2	54.36
WE-20	223.46	2019/2/7	35.53	2019/12/18	85.18
WE-21	241.85	2019/1/4	9.89	2019/11/20	67.65
WE-22	283.34	2018/3/24	44.21	2018/9/12	90.67
WE-23	236.54	2018/6/1	35.42	2018/8/12	84.08

由上表分析可知，各测点的最大值多出现在2、3月，最小值多出现在7、8、9月，也有部分测点(WE12和WE17)的最大值出现在12月。可初步总结得出，渗流量的最大值普遍出现在冬季末春季初，而渗流量的最小值普遍出现在夏季至秋季。渗流量的平均值与最大值相差较多，而与最小值相差较小，说明渗流量数值普遍偏低。某些特殊测点渗流量变化较为明显，其中870与851两个廊道的WE-6、WE-7、WE-8、WE-9、WE-11五个测点数据较为完整且呈现出较明显的规律性，因此对870与851廊道渗流量的影响因素进行进一步分析。

4.3.3 上游水位、温度渗流量历史关系过程线

WE-6、WE-7、WE-8、WE-9、WE-11测点渗流量与气温和上游水位的关系过程线见图4-20至图4-24。

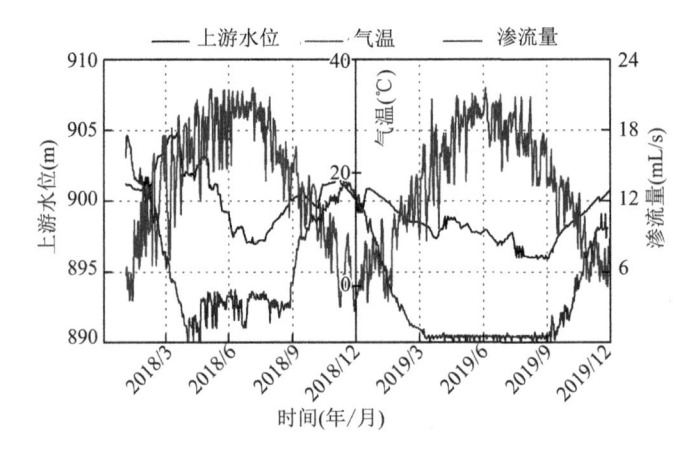

图4-20 WE-6测点渗流量、气温、上游水位过程线

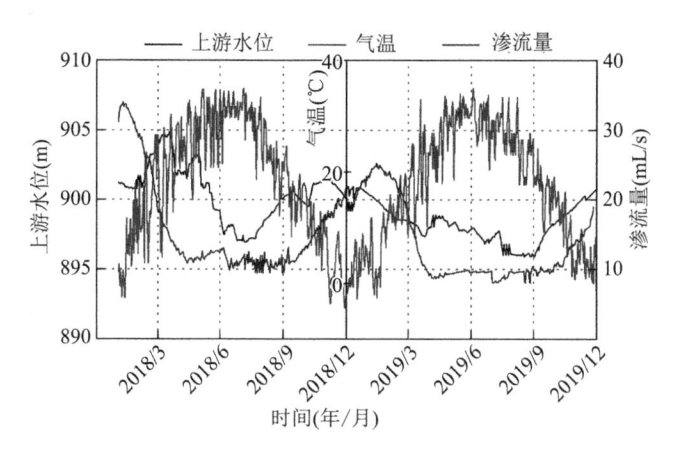

4 汾河二库大坝实测廊道渗流监测资料分析

图4-21 WE-7测点渗流量、气温、上游水位过程线

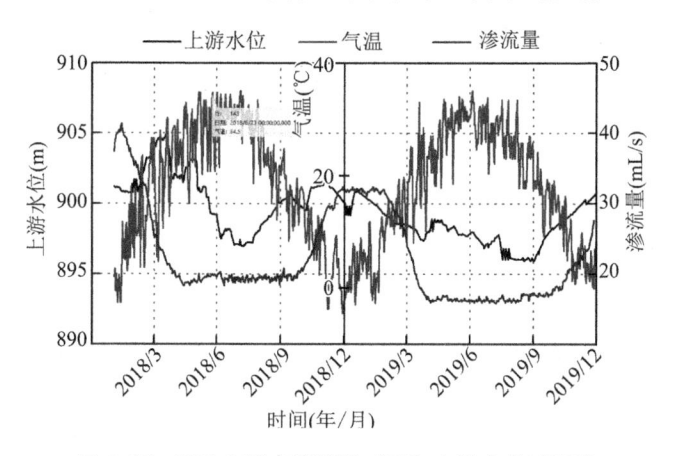

图4-22 WE-8测点渗流量、气温、上游水位过程线

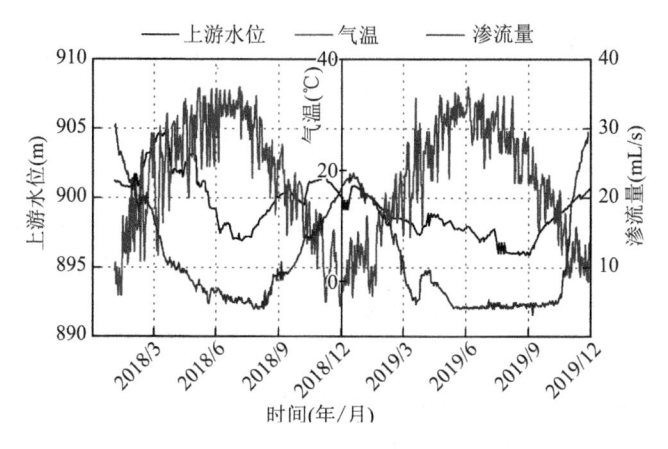

图4-23 WE-9测点渗流量、气温、上游水位过程线

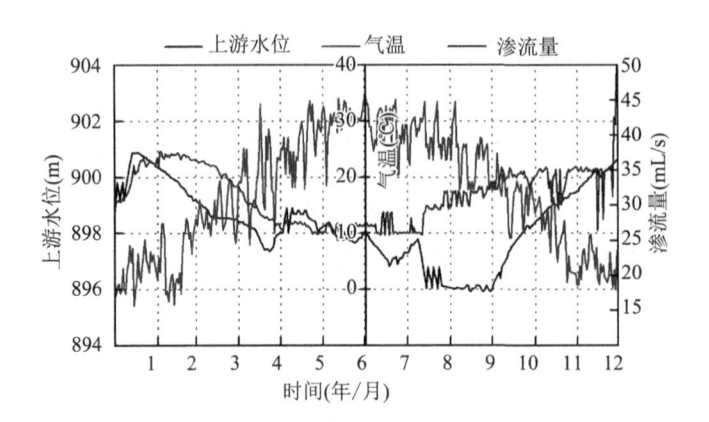

图 4-24 WE-11 测点 2019 年渗流量、气温、上游水位过程线

从图 4-20 至图 4-24 中可以看出,这 5 个测点的渗流量变化情况都与气温和上游水位的变化具有一定的相关性,大致为与气温呈负相关,与上游水位呈正相关。

4.3.4 渗流量相关性分析

在坝址区,温度场受渗流控制,温度场与渗流场具有相似性,等温线与等势线同样受到岩体透水性、建基面形态及帷幕体的防渗性等多方面影响。对渗流部位温度场的监测,有助于揭示坝址各处的实际渗流状况。通过温度示踪探测地下水运动在实践中已有许多运用,一些模拟地质体中热量运移的计算软件相继问世,如 VS2DH、HST3D 和 SUTRA 等,这些软件是基于流体运动引起热量对流扩散来模拟实际问题,都是假设流体物理性质不随温度而改变。

事实上,温度场与渗流场是相互影响的。一方面,势能差引起渗流流体在介质的孔隙中扩散和流动,流体作为热能传播的媒介,在介质中携带热能沿运动迹线进行交换和扩散。另一方面,进入坝址地下水系统的水流大多来自水库底部的低温水,其水温远低于地温,这种低温高密度的库水处于上部,而高温低密度的地下水处于下部,这种密度差异在自重的影响下将形成自然对流,对此难以用传统的地下水动力学理论加以刻画。此外,温度变化对流体的黏度影响最为明显,而渗透系数也不是单纯受固相介质及其结构的影响,流体性质也是一个重要因素。流体密度和黏度都是温度的函数,渗透系数也是温度的函数。总之,渗流和温度相互影响的过程实际上包括了能量平衡和耗散过程,以及媒介物质发生理化反应等过程,二者的作用是一种耦合关系。国内对温度场与渗流场的耦合研究,首先是对地下介质做连续性假设,得到渗流场与稳定温度场耦合分析的连续介质数学模型,通过水温对水的运动黏滞系数影响,温度差形成的温度势梯度造成水的流动及渗流传热三个方面将两场耦合起来,采用迭代法得到双场耦合的数值解。赖远明等研究了寒区大坝温度场与渗流场的关系,并推导了双场耦合计算的有限元公式;许增光等在利用有限元法求解二维稳定温度场的基础之上,推求了渗流影响下的二维稳定温度场的有限元计算格式。Yu-shu Wu 等对裂隙介质中非饱和热流耦合模型做了探讨。

在现有的研究中,大多还是只是考虑了温度场和渗流场的关系,在汾河二库的项目研究中,我们还考虑了上游水位有关因素的影响。因此,以气温和上游水位为自变量,选取了数据比较完备的测点为研究对象,旨在找出影响汾河二库渗流量的影响因素,探究汾河二库大坝廊道积水机理。

1. 研究对象

前文以 23 个廊道渗流量测点为研究对象,在所测得的数据中,WE-2、WE-3、WE-4、WE-5、WE-14、WE-15 测点的渗流量为负值,不予考虑计算,WE-1 测点无数据值,不予考虑计算,WE-16 测点至 WE-23 测点在 2019 年 6、7 两个月期间无数据值,不予考虑计算。WE-6、WE-7、WE-8、WE-9、WE-11 这 5 个测点的数据具有较明显的规律与相关性,能够体现渗流量变化的主要影响因素,因此采用这 5 个测点的数据进行研究,具体数据包括测点在 2018 年 2 月至 2019 年 12 月期间的气温、上游水位及渗流量。

2. 统计模型及变量选择

汾河二库大坝坝体存在多处裂缝,存在明显的裂缝渗流现象,因此统计模型的形式可采用以裂缝渗流为确定性模型的形式。

1) 裂缝渗流的确定性模型

裂缝的渗流量依据描述岩石裂隙渗流的立方定律来计算:

$$Q = \frac{\lambda}{f} \cdot \Delta H \cdot \Delta^3 \tag{4-4}$$

式中:ΔH 为水头差,m;Δ 为裂缝宽度;f 为粗糙系数,一般取 1.04~1.65;λ 为计算常数,由下式得到。

$$\lambda = \frac{W}{L} \frac{g}{12\mu} \tag{4-5}$$

式中:L 为裂缝层面沿水流方向的长度,m;W 为裂缝层面垂直水流方向的长度,m;μ 为运动黏滞系数;g 为重力加速度,m/s²。

2) 裂缝渗流的统计模型

在工程实践中,由于坝体裂缝的几何和物理特性难以确定,因此本报告不直接采用确定性模式来进行裂缝渗流计算,而是以气温、上游水位和裂缝渗流量的监测数据建立统计模型,其形式为裂缝渗流确定性模型。

下游水位一般变幅较小,假设为定值,那么水头差 ΔH 与上游水位 H 有关,近似为 H 的线性函数:

$$\Delta H = aH - H_0 \tag{4-6}$$

式中:a 和 H_0 为待确定的系数。

裂缝宽度的变化与该处的应力有关,而影响坝体的应力有自重压力、上游水位的压力以及温变产生的温度应力。随时间发展,微裂纹的发展引起混凝土徐变,从而又导致应力松弛。因此,裂缝的宽度与自重、上游水位、温度、时间等因素相关。自重作为固定荷载不做分析。综上所述,在对数据进行分析时,需考虑上游水位、气温以及时效三个分量。

$$\Delta = \delta_H + \delta_T + \delta_\theta \tag{4-7}$$

式中:δ_H 为上游水位分量;δ_T 为气温分量;δ_θ 为时效分量。

(1) 上游水位分量 δ_H

上游水位产生的压力在很大程度上影响了坝体内部的应力,因此作为上游水位因子,现选取 3 项分析:

$$\delta_H = \sum_{i=1}^{3} b_i (H - 885.00)^i \tag{4-8}$$

式中:b_i 为回归系数;H 为库水位(885.00 为多年最低水位,m)。

(2) 温度分量 δ_T

在实测数据中,混凝土的裂缝宽度与混凝土环境温度、气温有关,现选取混凝土内部温度、当日气温和前两日平均气温三个温度因子作为初步选择:

$$\delta_T = \sum_{i=4}^{6} b_i T_i \tag{4-9}$$

式中:T_4 为当日混凝土内部温度;T_5 为当日气温;T_6 为前两日平均气温。

(3) 时效分量 δ_θ

在长期荷载下混凝土材料可能会产生徐变,而裂隙随时间的发育也会引起混凝土的徐变,因此需考虑时效因子:

$$\delta_\theta = b_7\theta + b_8\ln\theta \qquad (4\text{-}10)$$

式中：θ 为时效，每天增加 0.01。

综上所述，裂缝宽度的统计模型为：

$$\Delta = b_0 + \sum_{i=1}^{3} b_i(H-885.00)^i + \sum_{i=4}^{6} b_iT_i + b_7\theta + b_8\ln\theta \qquad (4\text{-}11)$$

根据汾河二库 2018 年和 2019 年的上游水位、气温以及裂缝宽度监测数据，选取具有代表性的裂缝进行分析，经过非线性回归，得出包括坝体内和坝面上的横缝和水平缝两种裂缝其裂缝宽度的统计模型，见式（4-12）和式（4-13）。

横缝宽度：

$$\Delta_{TF} = 2.97 + 0.055 \times (905.7 - H) - 0.12T \qquad (4\text{-}12)$$

水平缝宽度：

$$\Delta_{HF} = 2.21 + 0.007 \times (905.7 - H) - 0.09T \qquad (4\text{-}13)$$

式中：H 为上游水位（905.7 为正常蓄水位，m）；T 为当日气温。

经过分析，上游水位和温度对于缝宽的分析具有较好的符合性，其中时效对于缝宽影响较小，可以近似忽略。因此，缝宽的回归公式可以分为上游水位缝宽和温度缝宽两个部分，近似为线性函数。

从而裂缝的宽度 Δ 可作为和上游水位与气温的线性函数：

$$\Delta = c_1H + c_2T + c_3 \qquad (4\text{-}14)$$

式中：c_1、c_2、c_3 为待定系数。

结合式（4-4）、（4-6）、（4-14），渗流量与上游水位、气温的关系为：

$$Q = \frac{G}{f} \cdot (\alpha H - H_0) \cdot (c_1H + c_2T + c_3)^3 \qquad (4\text{-}15)$$

考虑到水温也会产生影响，其和气温关系较为复杂，因此在式（4-12）的展开式中增加气温 T 的四次方，以较为全面地考虑温度的影响：

$$Q = a_1 + a_2H + a_3T + a_4HT + a_5H^2 + a_6T^2 + a_7HT^2 + a_8H^2T + a_9H^3 \\ + a_{10}T^3 + a_{11}HT^3 + a_{12}H^2T^2 + a_{13}H^3T + a_{14}H^4 + a_{15}T^4 \qquad (4\text{-}16)$$

式中：$a_1 \sim a_{15}$ 为待定系数，由观测数据的统计回归确定。

3. 分析方法

通过 SPSS 26 软件进行统计学分析。先采用双变量相关性分析的方法分析

上游水位 H 和气温 T 与渗流量 Q 的相关性,再进行 WE-6、WE-7、WE-8、WE-9、WE-11 这 5 个测点上游水位和气温与渗流量的非线性回归分析,最后采用单因素方差,对渗流量数据进行分析,以 R^2 为统计标准来检验拟合度。

4. 结果及分析

1) 双变量相关性

先对不同测点渗流量 Q 与上游水位 H 和气温 T 的双变量相关性进行分析,以确定 Q 的统计模型所需指标,结果见表 4-8 至表 4-12。

表 4-8　WE-6 测点双变量相关性分析

		Q	H	T
Q	皮尔逊相关性	1	0.572**	−0.701**
	Sig.(双尾)		0.000	0.000
H	皮尔逊相关性	0.572**	1	−0.374**
	Sig.(双尾)	0.000		0.000
T	皮尔逊相关性	−0.701**	−0.374**	1
	Sig.(双尾)	0.000	0.000	

注:标注**,Sig.(双尾)低于 0.01 为相关性显著。

表 4-9　WE-7 测点双变量相关性分析

		Q	H	T
Q	皮尔逊相关性	1	0.503**	−0.663**
	Sig.(双尾)		0.000	0.000
H	皮尔逊相关性	0.503**	1	−0.374**
	Sig.(双尾)	0.000		0.000
T	皮尔逊相关性	−0.663**	−0.374**	1
	Sig.(双尾)	0.000	0.000	

注:标注**,Sig.(双尾)低于 0.01 为相关性显著。

表 4-10　WE-8 测点双变量相关性分析

		Q	H	T
Q	皮尔逊相关性	1	0.521**	−0.711**
	Sig.(双尾)		0.000	0.000
H	皮尔逊相关性	0.521**	1	−0.374**
	Sig.(双尾)	0.000		0.000

续表

		Q	H	T
T	皮尔逊相关性	−0.711**	−0.374**	1
	Sig.（双尾）	0.000	0.000	

注：标注**，Sig.（双尾）低于0.01为相关性显著。

表4-11 WE-9测点双变量相关性分析

		Q	H	T
Q	皮尔逊相关性	1	0.651**	−0.713**
	Sig.（双尾）		0.000	0.000
H	皮尔逊相关性	0.651**	1	−0.374**
	Sig.（双尾）	0.000		0.000
T	皮尔逊相关性	−0.713**	−0.374**	1
	Sig.（双尾）	0.000	0.000	

注：标注**，Sig.（双尾）低于0.01为相关性显著。

表4-12 WE-11测点双变量相关性分析

		Q	H	T
Q	皮尔逊相关性	1	0.505**	−0.757**
	Sig.（双尾）		0.000	0.000
H	皮尔逊相关性	0.505**	1	−0.731**
	Sig.（双尾）	0.000		0.000
T	皮尔逊相关性	−0.757**	−0.731**	1
	Sig.（双尾）	0.000	0.000	

注：标注**，Sig.（双尾）低于0.01为相关性显著。

对于WE-6、WE-7、WE-8、WE-9、WE-11这5个测点，由表4-8至表4-12的回归结果可知，气温对渗流量的影响是负相关，上游水位对渗流量的影响是正相关。

2）非线性回归分析

870廊道4个测点数据都具有良好的相关性，将4个测点合为870廊道渗流量与WE-11测点渗流量进行回归分析。因渗流量、上游水位及气温数据差别较大，因此先将三者进行Z-score标准化处理，标准化后的数据仅用于拟合分析。根据式(4-16)对数据进行以Q为因变量的回归分析。Q的单因素方差检验ANOVA[a]见表4-13，回归出的参数见表4-14。

表 4-13 870 廊道 Q 单因素方差检验 ANOVA[a]

源	平方和	自由度	均方
回归	537.000	15	35.800
残差	154.045	675	0.228
修正前总计	691.045	690	
修正后总计	691.015	689	

因变量：Q

$R^2 = 1-$（残差平方和）/（修正平方和）$=0.777$

表 4-14 870 廊道渗流量参数估算值

参数	估算	标准错误	95% 置信区间 下限	95% 置信区间 上限
a_1	−0.229	0.046	−0.319	−0.140
a_2	0.638	0.067	0.507	0.768
a_3	−0.780	0.066	−0.910	−0.650
a_4	−0.600	0.078	−0.753	−0.447
a_5	0.035	0.052	−0.066	0.136
a_6	0.058	0.075	−0.090	0.206
a_7	0.081	0.059	−0.035	0.196
a_8	0.114	0.057	0.001	0.226
a_9	−0.054	0.028	−0.110	0.001
a_{10}	0.148	0.036	0.077	0.219
a_{11}	0.062	0.040	−0.017	0.140
a_{12}	−0.065	0.040	−0.143	0.014
a_{13}	0.063	0.024	0.017	0.109
a_{14}	−0.004	0.013	−0.030	0.021
a_{15}	0.028	0.027	−0.026	0.081

表 4-13 中残差和 R^2 均描述了回归的拟合性残差越小，R^2 越接近 1，拟合性越好，870 廊道渗流量回归的结果残差为 154.045，R^2 为 0.777，与实测渗流量拟合性较好。将表 4-14 的参数代入式(4-13)得到 870 廊道渗流量的拟合函数，绘出拟合渗流量和实际渗流量的对比图，见图 4-25。

再进行 WE-11 测点渗流量的非线性回归，Q 的单因素方差检验 ANOVA[a] 见表 4-15，回归出的参数见表 4-16。

4 汾河二库大坝实测廊道渗流监测资料分析

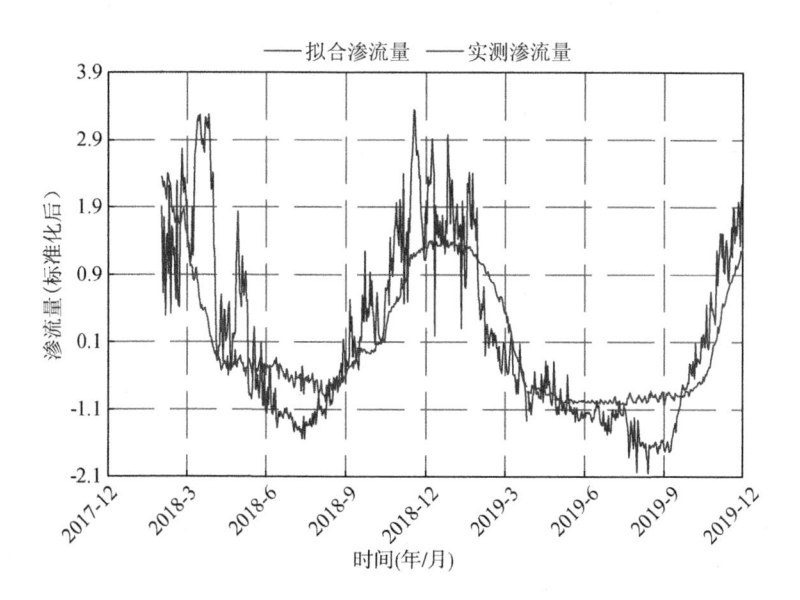

图 4-25 870 廊道渗流量(标准化后)拟合值和实测值对比图

表 4-15 WE-11 测点 Q 单因素方差检验 ANOVA[a]

源	平方和	自由度	均方
回归	721.307	15	48.087
残差	105.405	349	0.302
修正前总计	826.712	364	
修正后总计	428.255	363	

因变量：Q

$R^2 = 1 - ($残差平方和$)/($修正平方和$) = 0.754$

表 4-16 WE-11 测点渗流量参数估算值

参数	估算	标准错误	95% 置信区间 下限	95% 置信区间 上限
a_1	1.678	0.501	0.692	2.664
a_2	−1.258	0.735	−2.703	0.187
a_3	0.162	0.686	−1.187	1.512
a_4	1.870	0.658	0.577	3.163
a_5	0.924	0.360	0.216	1.632
a_6	−0.223	0.320	−0.853	0.407
a_7	−0.461	0.143	−0.742	−0.179

续表

参数	估算	标准错误	95% 置信区间 下限	95% 置信区间 上限
a_8	−0.326	0.149	−0.620	−0.032
a_9	0.023	0.121	−0.215	0.262
a_{10}	−0.004	0.050	−0.102	0.093
a_{11}	0.001	0.000	0.000	0.001
a_{12}	0.000	0.000	−0.001	0.001
a_{13}	−0.160	0.071	−0.299	−0.021
a_{14}	−0.096	0.062	−0.217	0.026
a_{15}	5.16E−06	0.000	0.000	0.000

WE-11测点渗流量回归的结果残差为105.405，R^2为0.754，与实测数据拟合性较好。将表4-16的参数代入式(4-13)得到WE-11测点渗流量的拟合函数，绘出拟合渗流量和实际渗流量的对比图，见图4-26。

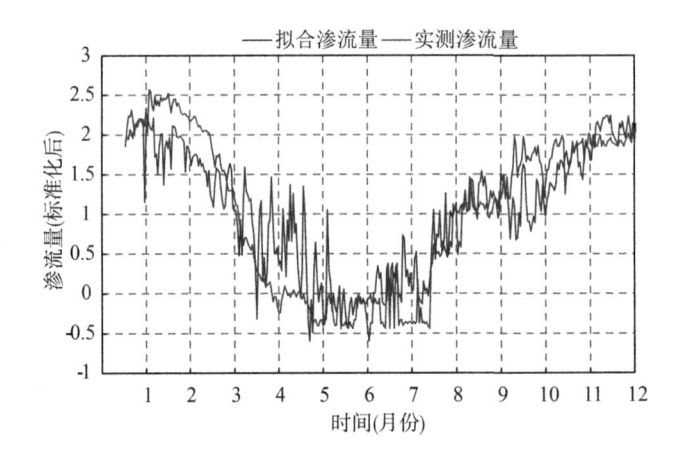

图 4-26　WE-11 测点渗流量(标准化后)拟合值和实测值对比图

从拟合参数以及拟合曲线与实测曲线吻合性可以看出，870廊道和WE-11测点的拟合性的精度较高，结果是比较合理的。

4.4　小结

1. 扬压力监测资料分析

(1) 汾河二库坝基在上下游侧均设有防渗帷幕，故在上游防渗帷幕下游侧

4　汾河二库大坝实测廊道渗流监测资料分析

和下游防渗帷幕上游侧设扬压力观测仪器,监测帷幕的防渗效果是必要的。

(2)监测资料分析表明,上下游防渗帷幕总体防渗效果是好的,局部稍差。上游防渗帷幕右侧防渗效果较左侧好,下游防渗帷幕左侧防渗效果好于右侧。但可用数据偏少。

(3)右侧岸坡段扬压力系数满足规范要求,右岸绕渗不明显。左岸 889.00 m 高程处扬压力系数较大,可能受左岸绕渗影响。

(4)左右坝端绕渗监测资料显示,两坝端防渗帷幕效果较好,右坝端绕渗对岸坡段渗流状态基本没有影响,左坝端绕渗对岸坡段渗流影响较为明显。

(5)扬压力监测用的测压管的监测数据异常值较多。26套扬压力观测设施中,测点 UP1 至 UP4、UP8、UP11、UP12、UP16、UPR1 至 UPR4、UPL1、UPL2、UPL5、UPL6 数据合理,工作正常,可继续观测使用;测点 UP5、UP6、UP7、UP9、UP10、UP13、UP14、UP15、UPL3、UPL4 数据不合理,工作不正常,或无数据,应检查原因,改造完善。

2. 渗流量资料及分析

通过 SPSS26 软件对汾河二库廊道实测渗流资料进行分析,得到以下结论:

(1)通过对大坝整体廊道渗流量与廊道上游壁渗水点渗流量的分析,除险加固后大坝防渗体系得到了进一步完善,廊道总渗流量变幅减小,但仍有不稳定的波动。

(2)对各个廊道的测点单独进行分析,有些测点其渗流量全年变幅较大,选取渗流规律性较明显的五个测点,采用双变量相关性的方法分析其上游水位和气温与渗流量的相关性,结果表明气温与渗流量呈负相关,上游水位与渗流量呈正相关。

(3)建立以上游水位与气温为自变量,渗流量为因变量的裂缝渗流统计模型,并进行非线性回归分析,拟合出渗流量的回归曲线。结果表明,以上游水位和气温为自变量的裂缝统计模型,具有较好的拟合性,廊道的渗流量与裂缝宽度有着密切联系。

5

多场耦合数值计算方法

5.1 渗流场、应力场和温度场多场耦合分析

针对渗流场、应力场和温度场三场耦合的机制,学者们对其有不同的理解,因此提出了不同的耦合方式[60]。1995 年以前大多是基于速度等一些变量进行场之间的作用的研究,比如 Hart[61]、Jing[62] 提出的耦合作用模式,其中 Hart 提出的模式主要是用来描述在非线性地质系统中的三场耦合模式。后人将模式的主体逐渐发展成物理现象,其相互作用方式为物理作用或者场作用,如 Guvanasen[63]、柴军瑞[64] 的耦合作用模式,Guvanasen 提出的作用模式应用于核废料储库围岩。本研究中采用柴军瑞的作用模式,在一般岩体等多孔介质之中应用较广。

5.1.1 渗流场与应力场耦合

渗流在孔隙壁上产生水压力,压力进而引起坝体的位移和应力,因此产生渗流场对应力场的作用;同时,在应力作用下多孔材料介质发生变形,使得材料的渗透系数和孔隙率都发生变化从而影响渗流,因此产生应力场对渗流场的作用。

多孔弹性介质渗流场控制方程如下:

$$\left.\begin{aligned} \nabla\left[-\frac{K_s}{\rho_l g}(\nabla p + \rho_l g \nabla z)\right] &= Q_s \\ H &= \frac{p}{\rho_l g} + z \end{aligned}\right\} \quad (5-1)$$

式中:ρ_l 为流体密度(kg/m^3);K_s 为孔隙介质的渗透率(m^2);Q_s 为流体的汇源项[$kg/(m^3 \cdot s)$];H 为总水头(m);p 为孔隙水压力(Pa);z 为位置高程(m)。

应力分量 σ_{ij}：

$$\sigma_{ij} = 2G\varepsilon_{ij} + \lambda\delta_{ij}\delta_{id}\varepsilon_{id} - \alpha\delta_{ij}p \tag{5-2}$$

式中：G 为剪切模量(Pa)；E 为弹性模量(Pa)；p 为孔隙水压力(Pa)。

根据弹性力学理论，位移和应变关系为：

$$\varepsilon_{ij} = \frac{1}{2}(u_{i,j} + u_{j,i}) \tag{5-3}$$

由静力平衡条件可得

$$\sigma_{ij} + F_i = 0 \tag{5-4}$$

由静力平衡条件可得修正的 Navier 平衡方程：

$$Gu_{i,jj} + (G+\lambda)u_{j,ji} - \alpha p_i + F_i = 0 (i = x,y,z) \tag{5-5}$$

式中：G 为剪切模量(Pa)；λ 为拉梅常数(Pa)；α 为 Biot 系数；p_i 为孔隙水压力(Pa)；u_i 为 i 方向上的位移(m)；F_i 为 i 方向上的体积力(N/m³)。

5.1.2 温度场与渗流场耦合

温度变化会引起水的黏度改变，水的黏度与渗透系数成反比。不同部分温度引起的温度差会产生温度梯度，在温度梯度影响下产生水流运动，具体为：

$$q_T = -D_T \frac{\partial T}{\partial x} \tag{5-6}$$

式中：q_T 为温度梯度引起的水流通量；D_T 为温差作用下的水流扩散率；$\frac{\partial T}{\partial x}$ 为 x 方向的温度梯度。

由上式可知，温度梯度越大，水流通量也会更大，因此产生了对渗流场更强的影响。

在水流运动进行中会产生热量交换，其分为两部分：一是渗流携带的热量 $cVvT$；二是混凝土自身热传导作用，表达式为 $\lambda\frac{\partial T}{\partial x}$。

根据热量平衡，流入的热量等于混凝土温度升高吸收的热量，得：

$$c_e V_e \frac{\partial T}{\partial t} = -cV\frac{\partial(vT)}{\partial x} + \frac{\partial}{\partial x}\left(\lambda\frac{\partial T}{\partial x}\right) \tag{5-7}$$

式中：v 为渗流速度(m/s)；c 为水比热[J/(kg·K)]；V 为水容重(kg/m³)；λ 为

混凝土导热系数[W/(m·K)]；c_e 为混凝土比热[J/(kg·K)]；V_e 为混凝土容重(kg/m³)。

5.1.3 温度场与应力场耦合

温度与应力可基于线性热弹性假设建立关系，在应力场和温度场的共同作用下，材料的总应变由应力应变和热应变组成。

其中应力引起的应变：

$$\frac{1}{2G}\sigma_{ij} - \frac{v}{2G(1+v)}\sigma_{kk} \tag{5-8}$$

温度引起的应变：

$$\varepsilon_T = \frac{1}{3}\alpha_T T \delta_{ij} \tag{5-9}$$

式中：假设混凝土各向同性，α_T 为线热膨胀系数；δ_{ij} 为 Kronecker 符号，有 $\delta_{ij} = \begin{cases} 0, i \neq j \\ 1, i = j \end{cases}$。

故材料在温度与应力作用下总应变表达式可以表示为：

$$\varepsilon_{ij} = \frac{1}{2G}\sigma_{ij} - \frac{v}{2G(1+v)}\sigma_{kk} + \frac{\alpha_T}{k'}P\delta_{ij} \tag{5-10}$$

式中：k' 为排水体积模量(Pa)；v 为泊松比；G 为剪切模量(Pa)。

由材料总应变表达式可以解出应变表达应力的关系式，从而可以得出热弹性材料应力连续方程：

$$\sigma_{ij} = 2G\varepsilon_{ij} + \frac{2Gv}{1-2v}\varepsilon_{kk}\delta_{ij} - k'\alpha_T T \delta_{ij} \tag{5-11}$$

利用静力平衡关系 $\sigma_{ij,j} + F_i = 0$ 和应变位移 $\varepsilon_{ij} = \frac{1}{2}(u_{i,j} + u_{j,i})$，代入上式(5-11)，得出材料在应力与温度共同作用下的应力控制方程：

$$Gu_{i,ij} + \frac{G}{1-2v}u_{j,ij} - k'\alpha_T T_i + F_i = 0 \tag{5-12}$$

式中：F_i 和 u_i ($i=x,y,z$)分别为 i 方向的体积力和位移。式(5-12)为在温度场作用下的应力场控制方程，式左第三项表示了温度对混凝土变形产生的影响。

5.2 基于双重介质的三场耦合模型

5.2.1 数学模型建立

研究渗流场-应力场-温度场三场耦合数学模型是进行三场耦合理论构建的前提。由上文已得知三场之间相互耦合的作用方式,在考虑双重介质模型下,渗流在模型中采用两种不同的渗流方式。由此建立基于双重介质的三场耦合模型,将其应用于实际工程之中,以更加精确地描述实际问题。

5.2.1.1 基本假设

在建立基于双重介质的混凝土渗流场-应力场-温度场三场耦合数学模型时假定：

(1) 对于裂缝较小难以查明的介质认定为孔隙介质,其为均质同性的弹性体且符合应变叠加原理,对于裂缝较大可以查明的介质认定为裂隙介质,裂隙介质服从节理单元模型。介质的变形以孔隙变形为主。

(2) 在混凝土渗流中,气体对其产生的作用较小,故研究中模型只考虑固液两相。

(3) 混凝土坝孔隙介质的渗流可视为连续介质渗流,符合达西定律和固体力学,作为连续介质,同时存在混凝土骨架和坝体中的渗流;裂隙介质的渗流采用裂隙流,遵循立方定律。

(4) 地下水流的渗流方式采用达西定律,考虑温度梯度对渗流的影响;热传导则遵循Fourier定律,适用于固液两态。

(5) 考虑温度影响,考虑质量源,从线性热弹性理论出发,以研究温度场项。

5.2.1.2 状态方程

状态方程用以描述材料参数和环境压力、温度之间的关系,在压力和温度影响下的地下水的孔隙度、参考密度、水的渗透率和黏度的状态方程如下：

1) 水的密度 ρ

$$\rho = \rho_0 + \rho_0 c_f (p - p_0) - \rho_0 \beta_f (T - T_0) \tag{5-13}$$

式中：ρ_0 为地下水的参考密度(kg/m³);c_f 为水的等温体积压缩系数(m²/N);p 为水压力(Pa);p_0 为参考水压力(Pa);β_f 为水的等体积热膨胀系数(1/℃);T 为水温(℃);T_0 为水的参考温度(℃)。

2) 孔隙率 ϕ

$$\phi = \phi_0[1 + c_e(p - p_0) + \beta_e(T - T_0)] \quad (5-14)$$

式中：ϕ_0 为参考压力和参考温度下的孔隙度；c_e 为固体的孔隙压缩系数 (m^2/N)；β_e 为固体的孔隙热膨胀系数 (1/℃)。

3) 渗透系数 k

$$k = k_0 \exp\left[-\frac{1}{2}\alpha(\sigma_1 + \sigma_2)\right] \quad (5-15)$$

式中：α 为 Biot 系数；k_0 为参考压力下的材料渗透系数 (cm/s)；σ_1 和 σ_2 为第一和第二主应力。

4) 水的黏度 ν

$$\nu = \frac{0.01775}{1 + 0.033T + 0.000221T^2} \quad (5-16)$$

式中：ν 为水的黏度 (cm^2/s)；T 为水温 (℃)。

5.2.1.3 应力场控制方程

基于线性热弹性假设建立本构关系，总应变＝应力应变＋热应变。

热应变：

$$\varepsilon_T = \frac{1}{3}\alpha_T T \delta_{ij} \quad (5-17)$$

水压力引起的应力应变：

$$\varepsilon_p = -\alpha_p P \delta_{ij} \quad (5-18)$$

式中：假设混凝土各向同性，α_T 为线热膨胀系数；α_p 为 Biot 系数，由材料的压缩性确定，其计算方式如下：

$$\varepsilon_{ij} = \frac{1}{2}(u_{i,j} + u_{j,i}) \quad (5-19)$$

材料的总应变：

$$\varepsilon_{ij} = \frac{1}{2G}\sigma_{ij} - \frac{v}{2G(1+v)}\sigma_{kk} + \frac{\alpha_T}{k'}T\delta_{ij} + \frac{\alpha_p}{k}P\delta_{ij} \quad (5-20)$$

式中：k' 为排水体积模量 (Pa)；δ_{ij} 为 Kronecker 符号，有 $\delta_{ij} = \begin{cases} 0, i \neq j \\ 1, i = j \end{cases}$；$v$ 为泊松比；G 为剪切模量 (Pa)。

上式可解出由应变表达应力的关系式，各项同性的热弹性材料应力连续方程可表示为总应力与孔隙水压力、应变和温度的函数：

$$\sigma_{ij} = 2G\varepsilon_{ij} + \frac{2G\nu}{1-2\nu}\varepsilon_{kk}\delta_{ij} - \alpha P\delta_{ij} - k'\alpha_T T\delta_{ij} \tag{5-21}$$

将静力平衡关系 $\sigma_{ij,j} + F_i = 0$ 和式(5-20)代入上式，得出材料受应力、水压力和传热影响的应力控制方程：

$$Gu_{i,jj} + \frac{G}{1-2\nu}u_{j,ij} - \alpha P_{,i} - k'\alpha_T T_{,i} + F_i = 0 \tag{5-22}$$

式中：F_i 和 u_i ($i=x,y,z$)分别为在 i 方向的体积力和位移。式(5-22)即为应力场在渗流场和温度场共同作用下的控制方程，式左 $\alpha P_{,i}$ 和 $k'\alpha_T T_{,i}$ 体现了渗流和温度对混凝土变形的影响，为渗流场和温度场对与应力场的耦合作用。

5.2.1.4 渗流场控制方程

假定水可以在孔隙中自由流动，孔隙水与固体骨架都处于热平衡状态，两者的热量交换通过相对流和流体的扩散完成。饱和介质的体积 V 由孔隙水体积 V_e 与固体骨架体积 V_s 构成，其连续性方程如下：

$$\frac{1}{\nu}\frac{\partial \nu}{\partial t} = \frac{1}{\nu}\frac{\partial V_s}{\partial t} + \frac{1}{V}\frac{\partial V_e}{\partial t} = \frac{\partial \varepsilon_\nu}{\partial t} \tag{5-23}$$

式中：ε_ν 是体积应变。

固体骨架体积变化方程如下：

$$\frac{1}{V}\frac{\partial V_s}{\partial t} = (1-\phi)a_s\frac{\partial T}{\partial t} - \frac{1-\phi}{K_s}\frac{\partial P}{\partial t} + \frac{1}{3K_s}\delta_{ij}\frac{\partial \sigma'_{ij}}{\partial t} \tag{5-24}$$

式中：ϕ 为孔隙率；a_s 为固体骨架的线膨胀系数(1/℃)；式右边三项分别表示为温度、水压力和有效应力引起固体骨架的体积变化。

孔隙水体积变化方程如下：

$$\frac{1}{V}\frac{\partial V_e}{\partial t} = -\nabla \cdot q_1 + \phi a_1 \frac{\partial T}{\partial t} - \frac{\phi}{\beta_1}\frac{\partial P}{\partial t} \tag{5-25}$$

式中：q_1、a_1 和 β_1 分别为水的流速(m/s)、线膨胀系数(1/℃)和体积模量(Pa)；式右边第一项为流出水的净流量；第二项和第三项为温度和水压力导致孔隙水的体积变化。

将式(5-24)与式(5-25)相加代入式(5-23)，可得：

$$\nabla \cdot q_1 = -\frac{\partial \varepsilon_V}{\partial t} + [\phi a_1 + (1-\phi)a_s]\frac{\partial T}{\partial t} - \left(\frac{\phi}{\beta_1} + \frac{1-\phi}{K_s}\right)\frac{\partial P}{\partial t} + \frac{1}{3K_s}\delta_{ij}\frac{\partial \sigma'_{ij}}{\partial t}$$
(5-26)

若不计热渗透性影响，可用达西定律表示流体连续性方程：

$$q_1 = -\frac{k}{\mu_1}\nabla \cdot (P + \rho_1 gz)$$
(5-27)

式中：k 为渗透率张量(m^2)；μ_1 为液体黏度($Pa \cdot s$)；ρ_1 为液体密度(kg/m^3)；z 为垂直坐标，$\nabla z = (0,0,1)$。

将式(5-27)和式(5-20)代入式(5-26)，可得出渗流场、应力场和温度场耦合的渗流场方程[65]：

$$c_1\frac{\partial \varepsilon_{ij}}{\partial t} - c_2\frac{\partial T}{\partial t} + c_3\frac{\partial P}{\partial t} = \nabla \cdot [k(\nabla P + \rho_1 g \nabla_z)]$$
(5-28)

其中 c_1、c_2、c_3 可由下式计算：

$$\left.\begin{array}{l} c_1 = \dfrac{k'}{k_s} \\ c_2 = \phi a_1 + (1-\phi)a_s - \dfrac{a_T k'}{K_s} \\ c_3 = \dfrac{\phi}{\beta_1} + \dfrac{1-\phi}{K_s} \end{array}\right\}$$
(5-29)

式(5-28)即为在温度场和应力场影响下的渗流场控制方程，式左体现了变形和温度对渗流的影响。

裂隙渗流的计算考虑渗流场和温度场耦合作用，不考虑应力场的影响。考虑到裂隙厚度较小，裂隙对流动产生的阻力较小，对达西定律进行修正，得到如下方程：

$$\rho S_f d_f \frac{\partial p}{\partial t} - \nabla_T \cdot \left(\rho \frac{k_f}{\mu} d_f \nabla_{Tp}\right) = 0$$
(5-30)

式中：S_f 为裂隙储水系数(1/Pa)；k_f 为裂隙水流渗透系数(m^2)；d_f 为裂隙厚度(m)；∇_T 为裂隙切向平面的梯度算子。

裂隙单位长度的体积流量为：

$$u_f = -\frac{k_f}{\mu}\nabla_{Tp}$$
(5-31)

式中：u_f 为裂隙速度矢量(m/s)。

立方定律给出裂隙渗透系数与水流运动黏滞系数成反比，而水流运动黏滞系数又是与温度有关的函数[66]。

裂隙水流渗透系数为：

$$K_f = \frac{d_f^2}{12 f_f} = \frac{\gamma d_f^2}{12\mu} \tag{5-32}$$

式中：K_f 为渗透系数(m/s)；μ 为水的动力黏滞系数(N·s/m^2)；γ 为水的容重(N/m^3)；d_f 为裂隙宽度(m)。

温度梯度引起水的流动。水流温度梯度的存在会引起水流的运动，采用下式来进行表达：

$$q = -D_T \frac{\Delta T}{l} = -D_T \left(\frac{\partial T}{\partial x} + \frac{\partial T}{\partial y} + \frac{\partial T}{\partial z} \right) \tag{5-33}$$

式中：q 为温度梯度引起的水流流量(m/s)；D_T 为温差作用下的水流扩散率[m^2/(s·℃)]。

将式(5-32)、(5-33)代入渗流基本控制方程可得考虑水流温度影响的裂隙渗流场数学模型：

$$K_f \left(\frac{\partial^2 H}{\partial x^2} + \frac{\partial^2 H}{\partial y^2} + \frac{\partial^2 H}{\partial z^2} \right) + D_T \left(\frac{\partial^2 T}{\partial x^2} + \frac{\partial^2 T}{\partial y^2} + \frac{\partial^2 T}{\partial z^2} \right) + Q_H = S_f \frac{\partial H}{\partial t} \tag{5-34}$$

式中：Q_H 为渗流场源汇项。

5.2.1.5 温度场控制方程

流体和固体骨架两种材料的热传导系数和比热容不同，因此需分别定义两者的能量守恒方程。

固体骨架能量守恒方程如下：

$$(1-\phi) \cdot (\alpha_p)_s \frac{\partial T}{\partial t} = (1-\phi) \cdot \nabla \cdot (K_s \nabla T) + (1-\phi) \cdot q_s \tag{5-35}$$

式中：$(\alpha_p)_s$ 为固体骨架的热容[J/(K·m^3)]；K_s 为固体骨架的热传导张量(W/K)；q_s 为固体骨架的热源强度[W/(m^3·s)]。

流体能量守恒方程如下：

$$\phi \cdot (\alpha_{P_q})_l \frac{\partial T}{\partial t} + (\alpha_P)(V_l \cdot \nabla)T = \phi \cdot \nabla \cdot (K_l \cdot \nabla T) + \phi \cdot q_l \tag{5-36}$$

式中：$(\alpha c_p)_1$ 为流体骨架的热容 $[J/(K \cdot m^3)]$；K_1 为流体骨架的热传导系数张量 $[W/(K \cdot m)]$；q_1 为流体骨架的热源强度 $[W/(m^3 \cdot s)]$，V_1 为流速 (m/s)。

假设单相流中固体和流体之间始终处于热平衡状态，叠加式(5-35)和(5-36)及考虑变形能，可得固体和流体统一的能量守恒方程：

$$(\alpha c_p)_t \frac{\partial T}{\partial t} + (1-\phi)T_0\gamma\frac{\partial \varepsilon_V}{\partial t} + (\alpha c_p)_1(V_1 \cdot \nabla)T = \nabla \cdot (K_t \cdot \nabla T) + q_t \tag{5-37}$$

式中：$\gamma = (2\mu + 3\lambda)\beta$；$\mu$ 和 λ 为拉梅常数；β 为各向同性固体的线性热膨胀系数 $(1/K)$；T_0 为温度 (K)；q_t 为饱和多孔介质的热源汇项 $[W/(m^3 \cdot s)]$，$q_t = \phi q_1 + (1-\phi)q_s$；$(\alpha c_p)_t$ 和 K_t 分别为饱和多孔介质的比热容 $[J/(K \cdot m^3)]$ 和传热导系数 $[W/(K \cdot m)]$，其计算公式如下：

$$(\alpha c_p)_t = \phi(\alpha c_p)_1 + (1-\phi)(\alpha c_p)_s \tag{5-38}$$

$$K_t = \phi K_1 + (1-\phi)K_s \tag{5-39}$$

式(5-37)表示温度场在应力场和渗流场共同作用下的控制方程，式左 $(1-\phi)T_0\gamma\frac{\partial \varepsilon_V}{\partial t}$ 和 $(\alpha c_p)_1(V_1 \cdot \nabla)T$ 分别体现了应力和渗流对温度的影响。

式(5-22)、式(5-28)和式(5-37)表示多孔弹性介质中渗流-温度-应力耦合模型的非线性物理过程，因此完成了渗流-温度-应力三场之间的两两双向耦合。

5.2.2 模型的数值解法

数值计算方法很多，如有限单元法、边界元法和无单元法等，每种方法都各有优劣，相对而言，有限单元法更加成熟。由于实际水利工程具有体积大、材料分区多、边界条件复杂的特点，有限单元法在前后处理和计算复杂结构方面都有一定的优势，为此研究中采用有限单元法对坝体和坝基复杂的环境条件、结构材料性质、多场作用等因素进行尽可能有效的模拟计算，以得到与实际相符合的数值解。有限元计算软件一般有自编开发和利用成熟工具软件两种选择。本项目研究采用成熟计算软件对汾河二库碾压混凝土坝结构性态进行分析。

1) 逐步超松弛共轭梯度法

对典型坝段建立二维和三维有限元模型，需考虑碾压混凝土坝体和坝基材料分区及结构形态的复杂几何拓扑性质，需要数万乃至数十万结点，上千万自由度的计算，计算量大，而有限元分析中耗时巨大的是刚度矩阵、传导矩阵的形成以及大型方程组求解，采用有限元直接解法无法满足计算效率和计算精度的要求。因此,大型方程组求解采用改进迭代格式的逐步超松弛共轭梯度法。该迭代计算方法的系数矩阵只需要存储非零元素,节省计算机存储容量,而且求解效率高,能保证多自由度有限元计算的有效进行。

2) 沿时间序列耦合

将各物理场均看成独立的子系统,利用各物理场的已有成果进行单独求解,在 t_0 时刻耦合迭代求解,从而保证计算精度,再计算 $t_1=t_0+\Delta t$ 时刻各种物理场的相关解,再进行各种物理场方程的迭代计算,如此循环即可获得耦合数学模型的解。照这一求解策略,为保证计算精度,可以采用两种方法:第一,将时间段细分,即适当选择时间增量;第二,在同一时间段内,两组方程迭代求解多次,再进行下一个时间增量段的计算,赵阳升较早地采用了这一求解策略。上述求解策略已在现代耦合问题求解中广泛使用,它克服了整体系统求解方法的缺点。

由于耦合问题的方程中含有非线性项,它给方程离散求解带来不便,甚至根本无法求解,赵阳升在 1988 年求解固体变形与气体渗流的耦合数学模型时,就遇到气体渗流方程中同时含有 p 与 p^2 的一次和二次项的情况,采用将 p^2 设为另一个变量 F 的方法,也是无法求解。赵阳升提出了"沿时间序列的线性近似方法",此方法是:在 $t=t_0$ 时刻点上,将非线性项做泰勒展开,取零次项与一次项,用以求解 $t=t_0$ 时域的耦合方程,继而用此方法计算 $t=t_1$ 时刻解,如此循环延续,即可求得非线性耦合问题的解。此方法也是处理非线性耦合方程普遍可采用的近似方法。

"沿时间序列的线性近似方法"与"多物理场独立迭代耦合求解的方法",即构成了多孔介质多场耦合作用数学模型的完整求解策略与求解方法。

5.3 模型在 COMSOL Multiphysics 中的实现

5.3.1 计算软件选择

目前常用的工具软件有 ANSYS、ABAQUS 和 ADINA 等,考虑到本项目研究对象特点和任务书要求,为有效模拟碾压混凝土坝加固前后的安全性态及其变化,同时考虑到前后处理和多场耦合分析的需要,经过比较分析,决定选用 COMSOL Multiphysics 多物理场耦合有限元计算软件进行项目研究。

COMSOL Multiphysics 是成立于 1986 年的瑞典 COMSOL 公司研制的一款大型的高级数值仿真软件。广泛应用于电气、力学、结构工程、流体流动和化工等领域的科学研究以及工程计算,模拟科学和工程领域的各种物理过程。

COMSOL Multiphysics 以有限单元法为基础,通过求解偏微分方程(单场)或偏微分方程组(多场)来实现真实物理现象的仿真,用数学方法求解真实世界的物理现象。

研究中通过选择 COMSOL Multiphysics 预定义的结构力学模块中的固体力学和多孔弹性等多物理场应用模式并定义它们之间的相互关系,将求解多场问题转换为求解方程组,实现多物理场的直接耦合分析,从而研究除险加固前后碾压混凝土坝的结构性态。

渗流分析是水工结构设计和分析的重要组成部分,有限元数值计算方法是水工结构渗流分析的主要手段之一,在实际工程计算中发挥了重要作用。但在处理复杂计算问题时,尤其是在具有复杂渗控系统的多连通域结构中自由面求解、大型三维渗流场模拟及渗控系统优化等问题中仍存在较多难点。目前多场耦合渗流分析逐渐成为工程问题中新的难点和热点,如何有效模拟应力、变形、温度、化学等多物理场作用下的渗流场值得深入探索。

5.3.1.1 渗流计算

(1) 边界条件

计算稳定渗流场时,在 COMSOL Multiphysics 边界条件中考虑定水头边界条件和用透水层边界模拟的混合边界条件。

上下游水位以下的定水头边界条件可表达为:

$$\text{在边界 } \Gamma_1 \text{ 上}: p = \rho g (H_0 - D) \tag{5-40}$$

式中: H_0 为给定的水头(m); D 为高程(m)。

混合边界条件可表达为:

$$\text{在边界 } \Gamma_2 \text{ 上}: -n \cdot \rho u = \rho R_b (H_b - H) \tag{5-41}$$

式中: R_b 为传导率(1/s); H_b 为外部压力水头(m)。

由于渗流自由面及溢出点是未知的,溢出边界属于混合边界,对于复杂渗控系统处理起来较困难。非饱和渗流计算中溢出边界是一个特殊的边界条件。COMSOL Multiphysics 中提供的透水层边界,是一种混合边界条件,可以实现对这一类边界条件的定义。这类混合边界实际上是水头边界与流量边界的组合,求解时通过计算得到的压力 p 的分布进行判断,边界上水压力 $p \geqslant 0$ 的部分转化为水头边界 $H = z$ (z 为位置水头), $p < 0$ 的部分转化为流量边界 $q = 0$。计算第 i 步得到全域内压力 p_i,根据该步计算得到的压力分布进行调整得到新的边界条件,计算第 $i+1$ 步压力分布 p_{i+1},如此迭代下去,直到 $p_{i+1} - p_i$ 小于容许误差 ε,迭代终止,使计算得到的压力分布接近真实的渗流场。基于此,可以采

用饱和-非饱和渗流模型及固定网格法进行迭代求解来确定混合边界条件下的渗流场。

2）坝基排水管模拟

对于三维有限元模型，已有文献的计算结果表明，排水孔间距小于 6 m 的排水井列均可以运用"以缝代井列"方法进行分析。"以缝代井列"方法能模拟岩体排水孔幕处的流场性态。在 COMSOL Multiphysics 中，将"以缝代井列"发展为"以面代井列"方法，建立模型时在排水管列的位置设置内部边界面，无需细分排水管单元，设置边界条件时将坝基排水孔幕设置为内部边界，用透水层边界条件来表达，其外部水头值取为排水井（管）口高程。

3）裂缝模拟

由于坝体内存在很多裂缝，其渗流不可忽略。裂缝分为不同类型，而坝内的渗流主要为坝体的横缝和水平缝的渗流。横缝和水平缝的分布在坝面上游端，为坝内渗流的主要来源。因此在模型中设置裂隙流模块，水流温度设置为上游水流温度，流体属性的密度和动力黏度来自材料，均与温度有关。渗透率模型采用立方定律模型，裂隙厚度为前文的裂缝宽度统计模型，设置粗糙度系数 f_f。

5.3.1.2　三场耦合模型在 COMSOL Multiphysics 中的实现

根据上文对三场耦合控制方程的推导可知：

（1）应力场表达式中的孔隙水压力对时间导数项来自渗流场，渗流场表达式中的应变速率项来自应力场，即应力场和渗流场双向耦合；

（2）应力场表达式中的热膨胀项来自温度场，温度场表达式中的应变速率项来自应力场，即应力场和温度场双向耦合；

（3）温度场表达式中的对流传热项来自渗流场，渗流场表达式中的温度对时间导数项来自温度场，即渗流场和温度场双向耦合。

综上所述，应力场、温度场和渗流场两两双向耦合，故在 COMSOL Multiphysics 中实现三场两两双向耦合即实现了多场耦合。

5.3.2　软件二次开发

渗流场与应力场使用软件预制的"多孔弹性"物理场接口实现耦合，即"固体力学"物理接口与"瞬态达西定律"物理接口的耦合，不过 COMSOL Multiphysics 软件通过"多孔弹性"多物理场耦合节点，自动实现耦合。多孔弹性物理场是一个耦合物理场，耦合了多孔介质中的渗流场与应力场，其中应力场中的应变随时间变化影响渗流场，而渗流场中的孔隙压力也会影响应力场，所以两者是双向耦合。

瞬态的达西定律方程见式(5-42),在 COMSOL Multiphysics 软件显示如图 5-1 所示。

$$\frac{\partial}{\partial t}(\rho_f \varepsilon_p) + \nabla \cdot (\rho_f u) = Q_m \tag{5-42}$$

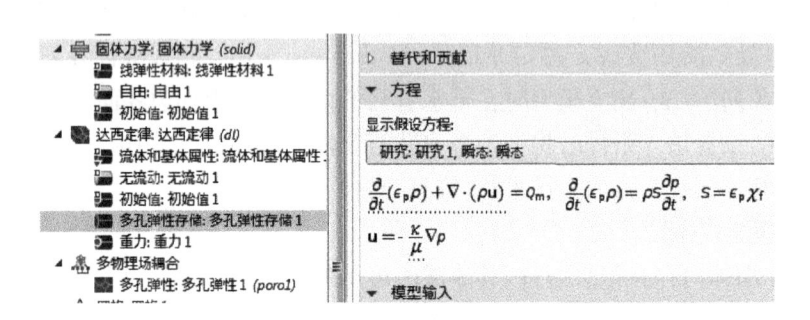

图 5-1 达西定律方程

式中:ρ_f 为密度(kg/m³);ε_p 为孔隙率;u 为流速(m/s);Q_m 为源项[kg/(m³·s)]。其中:

$$\frac{\partial}{\partial t}(\rho_f \varepsilon_p) = \rho_f S \frac{\partial \rho_f}{\partial t} \tag{5-43}$$

式中:S 为储水系数,$S = \frac{\varepsilon_p}{K_f} + (\alpha_B - \varepsilon_p)\frac{1-\alpha_B}{K_d}$;$\varepsilon_p$ 为孔隙率;K_f 为流体体积模量(Pa);α_B 为 Biot 系数;K_d 为排水体积模量(Pa)。

$$u = -\frac{k}{\mu}(\nabla \cdot \rho_f + \rho_f g \nabla \cdot D) \tag{5-44}$$

式中:k 为渗透率(m²);μ 为动力黏度(Pa·s);D 为高程(m)。

$$Q_m = -\rho_f \alpha_B \frac{\partial}{\partial t}\varepsilon_{vol} \tag{5-45}$$

式中:ε_{vol} 为体积应变,即源项为体积应变对渗流场的影响。

于是瞬态的达西定律可以写成:

$$\rho_f S \frac{\partial \rho_f}{\partial t} + \nabla \cdot (\rho_f u) = -\rho_f \alpha_B \frac{\partial}{\partial t}\varepsilon_{vol} \tag{5-46}$$

式中:ρ_f 为密度(kg/m³);S 为储水系数,$S = \frac{\varepsilon_p}{K_f} + (\alpha_B - \varepsilon_p)\frac{1-\alpha_B}{K_d}$;$\varepsilon_p$ 为孔隙率;K_f 为流体体积模量(Pa);α_B 为 Biot 系数;K_d 为排水体积模量(Pa)。

将式(5-46)与前文推导的渗流场控制方程式(5-28)相比较,发现式(5-46)中缺少温度场对渗流场的耦合项,该耦合项可在 COMSOL Multiphysics 软件中通过修改达西定律中的"质量源"项实现,在质量源的设置中手动输入缺少的耦合项 $c_2 \frac{\partial T}{\partial t}$,其中 $c_2 = \phi a_l + (1-\phi) a_s - \frac{\alpha_T k^{'}}{k_s}$,如图 5-2 所示。

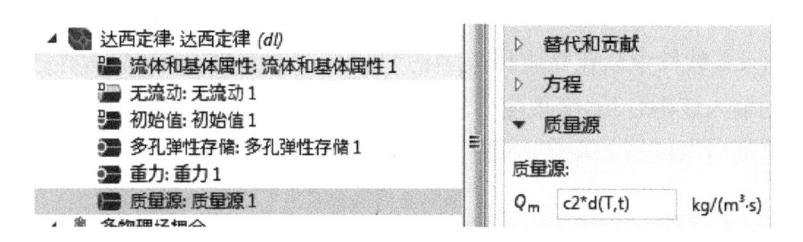

图 5-2 质量源修正

应力场方程如下:

$$\nabla \cdot (s \cdot \alpha(p_A - P_{ref})l) + F_v = 0 \tag{5-47}$$

式中:s 为应力(Pa);α 为 Biot 系数;p_A 为渗流场绝对压力(Pa),P_{ref} 为参考压力(Pa),二者差值为孔隙压力(Pa);F_v 为体积力(N/m³)。COMSOL Multiphysics 软件中应力场方程如图5-3所示。

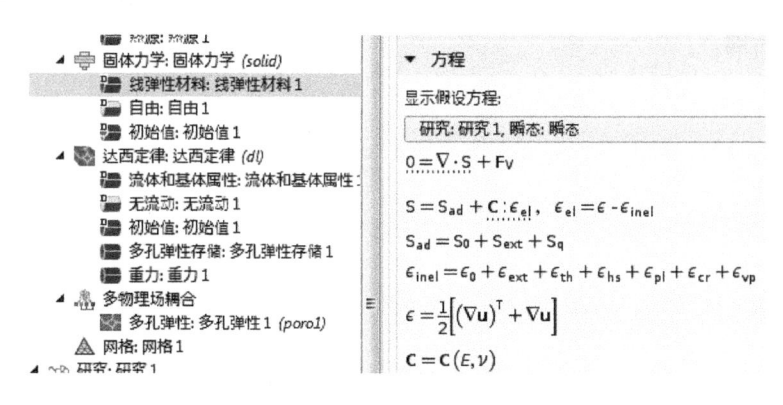

图 5-3 应力场方程

将式(5-47)与前文推导的应力场控制方程式(5-22)相比较,发现式(5-47)中缺少温度场对应力场的耦合项,可以利用多场耦合热膨胀节点实现该耦合。

温度场选择"多孔介质传热"物理场接口,其方程为:

$$(\rho C_P)_{\text{eff}} \frac{\partial T}{\partial t} + \rho C_P u \cdot \nabla T + \nabla \cdot q = Q \tag{5-48}$$

式中：$q=-k_{\text{eff}}\nabla T$；$(\rho C_P)_{\text{eff}}=\theta_p k_p+(1-\theta_p)\rho C_P$；$k_{\text{eff}}=\theta_p k_p+(1-\theta_p)k$；$\rho$ 为流体的密度（kg/m³）；C_P 为流体的热容[J/(kg·K)]；θ_p 为孔隙率；k_p 为流体的导热系数[W/(m·K)]；k 为材料的导热系数[W/(m·K)]；Q 为热源（W/m³）。

将式(5-48)与前文推导的温度场控制方程式(5-37)相比较，发现式(5-48)中缺少应力场对温度场的耦合项 $(1-\phi)T_0\gamma\dfrac{\partial\varepsilon_V}{\partial t}$，可以利用 COMSOL Multiphysics 软件中多孔介质传热中的"热源"节点实现二者耦合，在热源的设置中手动输入该耦合项，实现应力场对温度场的耦合。同时选择流动耦合节点，实现渗流场对温度场的耦合，如图 5-4 所示。

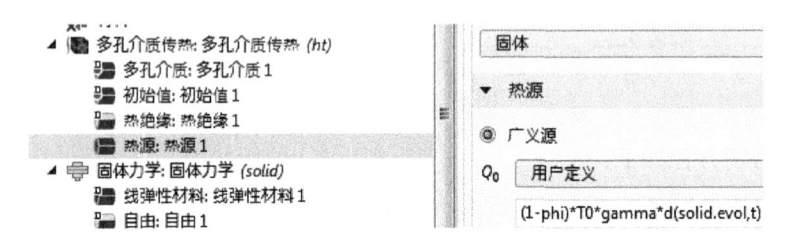

图 5-4 热源修正

至此，通过选择预制的"多孔弹性"物理场接口和"多孔介质传热"物理场接口，并手动设置节点或选择预制节点实现了渗流场、应力场和温度场三场之间的两两双向耦合。

6
汾河二库廊道积水机理研究

6.1 有限元模型

6.1.1 计算坐标系

研究中选取溢流坝段作为典型坝段进行三维有限元分析。溢流坝堰顶高程902.00 m,设有三孔弧形工作闸门(12.0 m×6.5 m),位于河床中部。闸门顶高程907.70 m。堰面圆点往上游方向采用1/4椭圆函数曲线,堰面圆点往下游方向采用幂函数曲线相切于斜直溢流面。斜直线段坡比为1∶0.75,下接反弧段,其半径为15 m,挑角为25°,设置连续式挑流鼻坎,鼻坎坎顶高程为861.07 m。

为了减小坝基对计算结果的影响,沿上游以及下游方向地基的选取向外延伸,距离为坝高的1.5倍,基岩选取以建基面进行向下延伸,距离为坝高的1.5倍。采用笛卡尔直角坐标系,坐标系方向遵守右手法则。x轴设置在水流方向,取指向下游的方向为正;y轴设置在坝轴线方向,取指向左岸的方向为正;z轴设置在铅直方向,取向上的方向为正。坐标原点$(x,y,z)=(0,0,0)$分别对应于上下游方向零桩号点、坝轴线0+147.2桩号点、零高程点。

6.1.2 几何模型与有限元网格

根据溢流坝段的结构特点以及几何拓扑性质,需先于CAD中建立溢流坝段模型,其包含坝基和坝体结构,共由159个结构实体组成,如图6-1所示。模型建立包括帷幕灌浆、固结灌浆、混凝土地下连续墙、基岩,以及坝体材料的分区和排水的布置等。将建好的CAD模型导入到COMSOL Multiphysics中进行网格剖分,模型单元网格总数为341 252,采用瞬态形式,计算时长为720 d,步长为

5 d,计算网格如图 6-2 所示。图 6-3 为三维有限元模型中采用的混凝土地下连续墙结构示意图。

在渗流场的求解中,上游及下游水位以上边界为混合边界,水位以下为等水头边界,廊道表面为可能溢出边界,剩余为不透水边界。其中混合边界在 COMSOL Multiphysics 中可采用透水层边界进行模拟。

在应力场的求解中,坝基部分其底部为固定约束,两侧 x 方向为连杆约束,坝基至并缝灌浆高程坝体部分两侧 y 方向为连杆约束。

在温度场的求解中,坝基部分两侧和底部皆为绝热边界,在上游及下游水位以下部分为第一类边界条件,混凝土与空气接触的部分为第三类边界条件。根据坝址实际条件,取多年平均温度,基岩初始温度取 8℃,混凝土初始温度取 9.5℃。

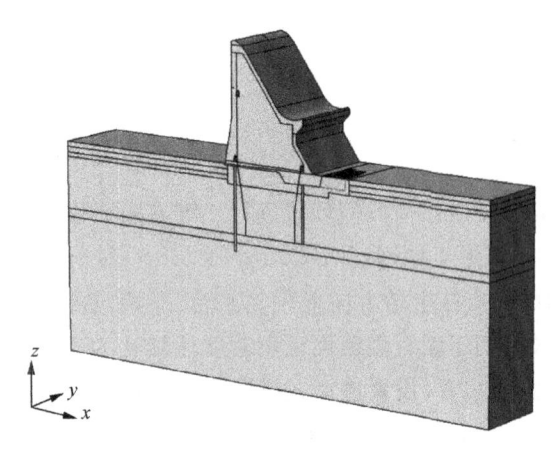

图 6-1 溢流坝段三维超单元模型

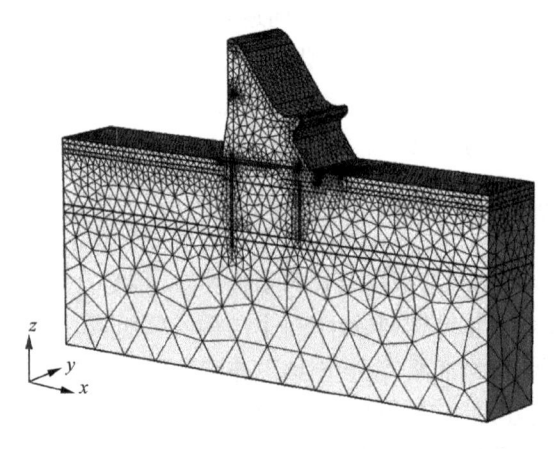

图 6-2 溢流坝段三维有限元模型网格剖分示意图

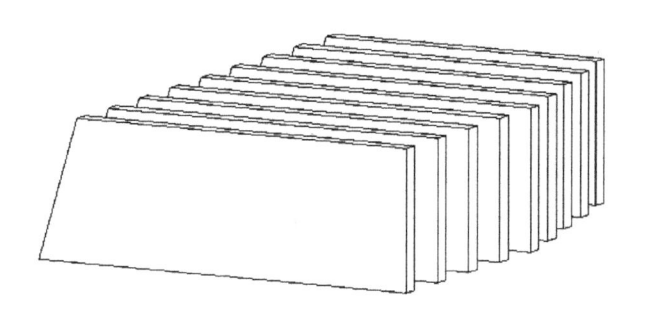

图 6-3 混凝土地下连续墙结构示意图

6.2 计算参数

6.2.1 材料参数

汾河二库重力坝的基本力学指标和材料特性是依据相关混凝土结构设计和施工现场测量数据来确定的。结合已有的数据和与汾河二库重力坝工程相似的工程数据,得出需要模拟的典型溢流坝段其坝体及地基相应的材料力学、热学参数指标,分别见表6-1和表6-2。渗透系数 k_0 和孔隙率 ϕ_0 皆为标准大气压和室温下测得的参考值,将参考值代入状态方程式可得出所需真实渗透系数以及孔隙率。

表 6-1 地基及坝体材料力学参数指标

参数	密度 ρ (kg/m³)	杨氏模量 E (N/m²)	体积模量 G (GPa)	泊松比 u	孔隙率 ϕ_0	渗透系数 k_0 (cm/s)
内部混凝土	2 400（饱和2 800）	20.9×10⁹	11.61	0.2	0.02	0.196×10⁻⁷
外部混凝土	2 400	26.9×10⁹	14.94	0.2	0.02	0.261×10⁻⁸
底部常态混凝土垫层	2400	25.5×10⁹	14.17	0.2	0.02	0.491×10⁻⁸
F10断层加固混凝土防渗墙	2 400	28×10⁹	15.56	0.2	0.02	0.491×10⁻⁸
帷幕	2 400	20.9×10⁹	11.61	0.2	0.45	1.74×10⁻⁵
R₁	2 800(饱和)	55.2×10⁹	35.38	0.28	0.45	1.74×10⁻⁵
R₂	2 400	51.75×10⁹	33.17	0.24	0.45	3×10⁻⁵
R₃	2 800	34.5×10⁹	22.12	0.24	0.55	0.1
R₄	2 800	34.5×10⁹	22.12	0.24	0.55	1.74×10⁻²

续表

参数	密度 ρ (kg/m³)	杨氏模量 E (N/m²)	体积模量 G (GPa)	泊松比 u	孔隙率 ϕ_0	渗透系数 k_0 (cm/s)
R_5	2 800(饱和)	40×10^9	25.64	0.24	0.55	1.74×10^{-2}
R_6	2 800(饱和)	40×10^9	25.64	0.24	0.45	5.787×10^{-4}
R_7	2 800(饱和)	59.3×10^9	44.92	0.28	0.58	1.74×10^{-5}
R_8	2 800(饱和)	9×10^9	5.77	0.24	0.33	1.74×10^{-2}

表6-2 坝体及地基材料热学参数指标

参数	比热容 C (kJ/kg·℃)	导热系数 (kJ/m·h·℃)	线膨胀系数 a (10^{-6}/℃)	拉梅常数 μ (GPa)	拉梅常数 λ (GPa)
内部混凝土	0.97	9.15	8	8.71	5.81
外部混凝土	0.97	9.15	7	11.21	7.47
底部常态混凝土垫层	0.97	8.60	7.4	10.63	7.08
溢流面常态混凝土	0.89	10	6	13.13	8.75
白云岩	0.90	9.23	6.5	16.13	14.89

注：R_1为覆盖层0～790 m高程的岩体；R_2为固结灌浆的岩体；R_3为高程785～790 m强透水层岩体；R_4为坝基表面3 m的强风化岩层；R_5为坝基表面3 m～高程824 m的覆盖层；R_6为高程824 m～高程819 m的覆盖层；R_7为785 m高程以下基岩；R_8为F10断层。

6.2.2 气温

汾河二库年降水量达490 mm,年平均降水日约80天;年蒸发量为968 mm,最大冻结层为100 cm。由太原市气象站1956—1978年的观测数据得知,太原市区年平均气温9.5℃,夏季22.3℃,冬季−4.87℃。多年平均气温统计值见表6-3。

表6-3 太原市区多年平均气温统计值

月份	月平均气温(℃)	月平均最高气温(℃)	月平均最低气温(℃)	极端最高气温(℃)	极端最低气温(℃)	逐月气温(℃) 上旬	中旬	下旬
1	−6.6	1.1	−13	14.3	−25.5	−6.6	−7	−6.4
2	−3.1	4.6	−9.4	19.1	−24.6	−4.8	−3	−1.2
3	3.7	11.2	−2.7	26.1	−18	1.2	3.8	6
4	11.4	19	4.2	32.7	−9.7	9	11.5	13.6
5	17.7	25.2	10	36.5	−0.5	15.9	17.6	19.5
6	21.7	28.8	14.6	38.4	4.4	20.5	21.9	22.8

续表

月份	月平均气温(℃)	月平均最高气温(℃)	月平均最低气温(℃)	极端最高气温(℃)	极端最低气温(℃)	逐月气温(℃)		
						上旬	中旬	下旬
7	23.5	29.5	18.2	39.1	7.2	23.1	23.6	23.8
8	21.8	27.8	17	36.6	8.4	23.4	22	20.4
9	16.1	23.2	10.2	31.8	−2	17.9	16.3	14
10	9.9	17.6	3.6	28.5	−7.4	12.3	10.2	7.5
11	2.1	9.1	−3.3	23.2	−21.2	5.1	2.2	−1.1
12	−4.9	2.3	−10.5	11.3	−21.9	−3.3	−4.9	−6.3

依据观测数据，对气温随时间变化的温度函数采用余弦函数进行拟合，具体拟合结果如下：

$$T = 9.5 + 15.05\cos\left[\frac{\pi}{6}(t-6.5)\right] \tag{6-1}$$

式中：T 为温度(℃)；t 为月份。

6.2.3 水温

水库温度分布的计算方程[73]：

$$T(y,t) = T_m(y) + A(y)\cos[\omega(t-t_0-\varepsilon)] \tag{6-2}$$

式中：$T(y,t)$ 代表 t 时水深 y 处的温度(℃)；$T_m(y)$ 代表水深 y 处的年平均温度(℃)；$A(y)$ 代表水深 y 处的温度年变化因数，$A(y) = A_0 e^{-0.018y}$。

当月平均气温低于零度时：

$$A_0 = \frac{1}{2}T_7 + \Delta a \tag{6-3}$$

式中：Δa 为日照影响的温度，可取 1.5℃；ε 代表水温与气温变化的相位差(月)，可用 $\varepsilon = 2.15 - 1.3e^{-0.085y}$；$\omega = \frac{\pi}{6}$ 代表温度变化的周期。

$T_m(y)$ 随着水深而递减，计算公式为：

$$T_m(y) = c + (b-c)e^{-0.04y} \tag{6-4}$$

式中：$c = \dfrac{T_{底} - T_s g}{1-g}$；$g = e^{-0.04H}$；$T_{底}$ 为库底年平均水温，取 6℃；T_s 为表面年平均水温，取 11.5℃；H 为上游水库深度(m)，为 70 m。

得夏季的上游水温分布公式：

$$T(y,t) = 5.72 + 5.78e^{-0.04y} + 12.75e^{-0.018y}\cos\left[\frac{\pi}{6}(t-8.65+1.3e^{-0.085y})\right]$$
(6-5)

H 取下游水深 25 m，得夏季下游水温分布公式：

$$T(y,t) = 2.77 + 8.73e^{-0.04y} + 12.75e^{-0.018y}\cos\left[\frac{\pi}{6}(t-8.65+1.3e^{-0.085y})\right]$$
(6-6)

当月平均气温低于零度时，水位表层将会结冰，冰层厚度约 3~5 cm，冰层以下水温可采用上式计算。

6.2.4 裂缝宽度

在汾河二库混凝土工程中存在裂缝缺陷，其会引起坝体的裂缝渗流。因此需要对裂缝宽度进行统计并将其考虑进模型之中。

1) 坝体裂缝及处理

坝体外部主要裂缝统计见表 6-4。

表 6-4 汾河二库坝体外部裂缝统计表

序号	高程(m)	桩号	裂缝类别	裂缝宽(mm)	裂缝长(m)
1	892.0~896.0	0+021.5	横缝	4	4.00
2	902.0~894.6	0+023	横缝	2	7.15
3	911.7~894.6	0+053.8	横缝	2	40.50
4	911.7~900.9	0+175.15	横缝	3	31.97
5	911.7~904.0	0+176.95	横缝	2	7.70
6	896.0~879.7	0+182	横缝		16.27
7	872.0~855.0	0+104	横缝	2	17.00
8	857.0~875.0	0+188.15	横缝		18.00
9	857.7~877.7	0+124.9	横缝		20.00
10	892.0	0+061.6 至 0+026.6	水平缝	1	35.00
11	882.0	0+061.6 至 0+034.6	水平缝	1	27.00
12	879.0	0+061 至 0+036.6	水平缝	1	25.00
13	874.7	0+208.4 至 0+038.4	水平缝	1	170.00
14	882.0	0+170 至 0+200	水平缝	1	30.00
15	869.7	0+185.03 至 0+195	水平缝		10.60

续表

序号	高程	桩号	裂缝类别	裂缝宽(mm)	裂缝长(m)
16	880.93	0+182 至 0+179.9	水平缝		2.10
17	885.88	0+182 至 0+180			2.00
18	896.2	0+179.8 至 0+178.8			1.00
19	900.4	0+179.8 至 0+176.2			3.00
小计	横向裂缝长度	162.59 m			
小计	水平缝长度	305.70 m			
合计	裂缝总长度	468.29 m			

由表中可以看出：3#、4#横缝和13#水平缝较为严重，3#、4#横缝均从坝顶开裂而又贯穿至上下游面，缝宽2.00 mm,缝长40.50 m 和31.97 m,缝深3.5～4.0 m;13#水平缝缝宽1.00 mm,长170.00 m,沿874.70 m 高程大坝全部下游面直至两岸，缝深1.30～2.30 m,个别部位达5.20 m。

2) 大坝底部廊道上下游浇筑的裂缝

在纵5#、纵6#廊道上下游浇筑块发现了4条裂缝。其中：纵5#廊道上游浇筑块一条，位置在0+123、坝0+002.25；纵6#廊道下游浇筑块三条，即0+119、坝0+049.5,0+132、坝0+049.5,0+174、坝0+049.5。

根据溢流坝典型坝段的位置建立了一条水平缝，一条表面横缝，一条贯穿性横缝和一条环向的廊道裂缝，如图6-4所示。

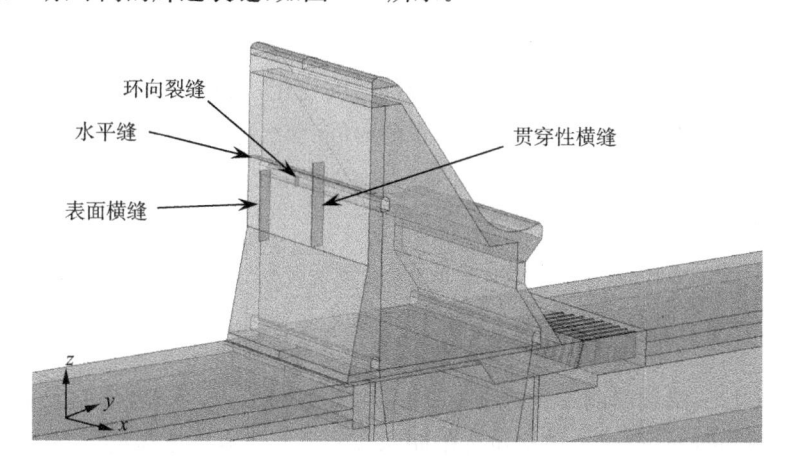

图6-4 裂缝设置图

在模型中设置裂隙流模块使用COMSOL Multiphysics 裂隙流边界条件，允许沿着裂隙定义或内部边界流动。裂隙水流渗透系数计算时，水流温度设置为上游水流温度，流体属性来自材料的动力黏度和密度，均与温度变化有关。渗透率模型采用立方定律模型，裂隙厚度 d_f 由前文的裂缝宽度统计模型确定，设置粗糙度系数 f_f。

根据汾河二库 2014 年至 2018 年的历史实测环境资料对建立的回归方程进行裂缝宽度的拟合，其中表面横缝、贯穿性横缝和环向的廊道裂缝变化规律总体与横缝宽度的变化规律相近。

横缝宽度：

$$\Delta_{TF} = 2.97 + 0.055 \times (905.7 - H) - 0.12T \tag{6-7}$$

水平缝宽度：

$$\Delta_{HF} = 2.21 + 0.007 \times (905.7 - H) - 0.09T \tag{6-8}$$

式中：H 为上游水位(m)(905.7 m 为正常蓄水位)；T 为观测日气温℃。

6.3 计算工况

计算中共考虑了 6 种工况：

工况 1：气温随时间变化，上游水位为限制水位 899.35 m，未考虑裂缝。
工况 2：气温随时间变化，上游水位为限制水位 899.35 m，考虑裂缝。
工况 3：气温不变，上游水位随时间变化，未考虑裂缝。
工况 4：气温不变，上游水位随时间变化，考虑裂缝。
工况 5：气温随时间变化，上游水位随时间变化，未考虑裂缝。
工况 6：气温随时间变化，上游水位随时间变化，考虑裂缝。

6.4 有限元成果分析

6.4.1 工况 1 和工况 2 对比

工况 1：气温随时间变化，上游水位为限制水位 899.35 m，未考虑裂缝。工况 2：气温随时间变化，上游水位为限制水位 899.35 m，考虑裂缝。气温为 2018 年和 2019 年两年的实测气温。

根据上文表述的有限元模型和计算参数，通过 COMSOL Multiphysics 软件进行多场耦合的有限元计算。根据计算结果绘出坝体的垂直正应力及第三主应力云图、温度云图、总水头等值线图和压力水头等值线图。依据第四章的廊道渗流量分析,870廊道渗流量具有较明显的随季节变化的规律,因此选择870廊道的渗流量进行对比分析。

1) 三场分析

坝体压应力出现最大值时的坝体垂直正应力(σ_T)云图和第三主应力(σ_3)云图见图6-5和图6-6。其中应力以拉应力为正,压应力为负。

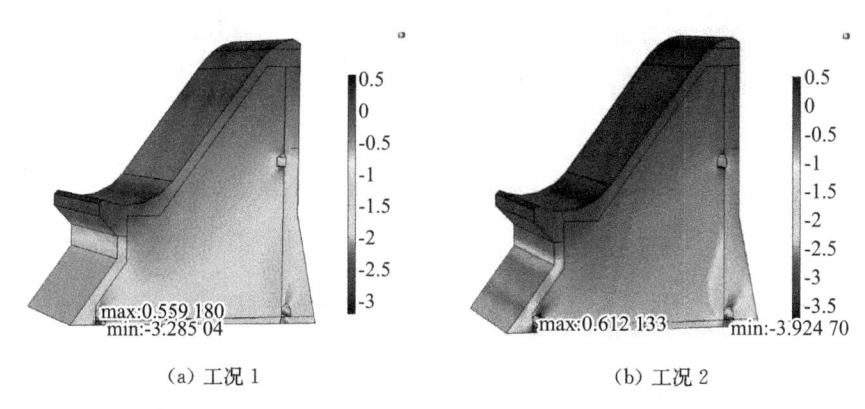

(a) 工况1　　　　　　　　(b) 工况2

图6-5　工况1和工况2坝体垂直正应力云图(单位:MPa)

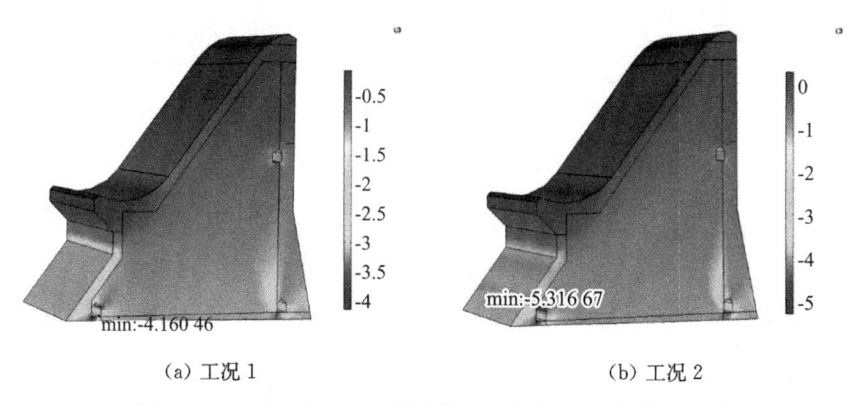

(a) 工况1　　　　　　　　(b) 工况2

图6-6　工况1和工况2坝体第三主应力云图(单位:MPa)

坝体平均温度最低时的坝体温度(T)云图见图6-7。

坝体压力水头分布最高时坝体的总水头等值面图以及坝体纵断面压力水头等值线图分别见图6-8和图6-9。

工况1和工况2垂直正应力(σ_T)、第三主应力(σ_3)及温度(T)极值见表6-5。

(a) 工况 1

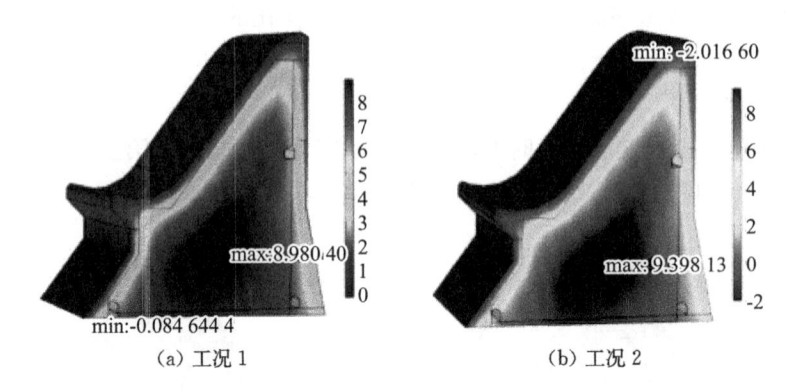

(b) 工况 2

图 6-7 工况 1 和工况 2 坝体温度云图(单位:℃)

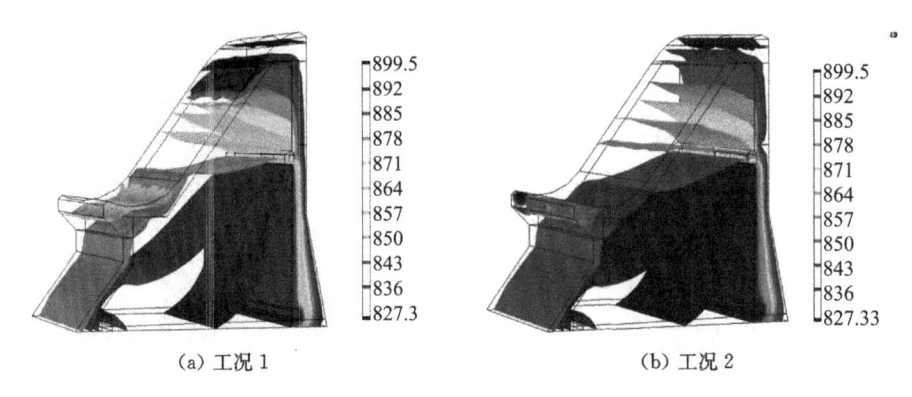

(a) 工况 1

(b) 工况 2

图 6-8 工况 1 和工况 2 坝体总水头等值面图(单位:m)

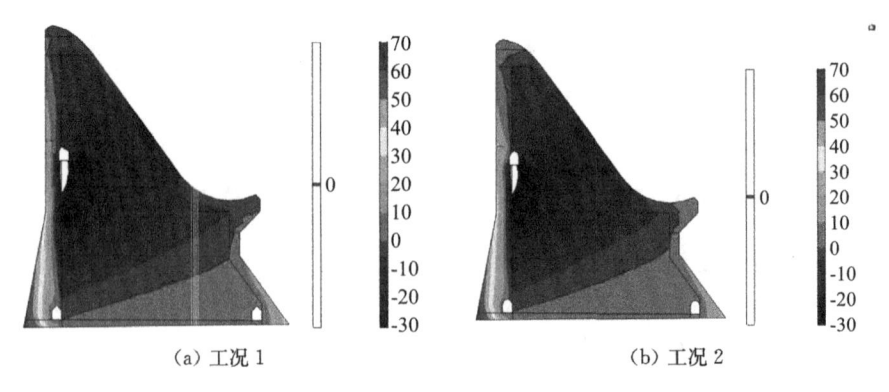

(a) 工况 1

(b) 工况 2

图 6-9 工况 1 和工况 2 坝体纵断面压力水头等值线图(单位:m)

表 6-5 坝体 σ_T、σ_3 和 T 极值

工况	σ_T 最小值(MPa)	σ_T 最大值(MPa)	σ_3 最小值(MPa)	T 最小值(℃)	T 最大值(℃)
工况 1	−3.285	0.559	−4.160	−0.085	8.980
工况 2	−3.925	0.612	−5.317	−2.017	9.398

由图 6-5、图 6-6 可以看出,工况 1 坝体垂直正应力范围为 −3.285～0.559 MPa,坝体垂直正应力的最大压应力为 3.285 MPa,出现在坝趾廊道上游底部,坝体垂直正应力的最大拉应力为 0.559 MPa,出现在坝趾廊道顶部；坝体 σ_3 最小值为 −4.160 MPa,因此坝体最大主压应力为 4.160 MPa,出现在坝趾廊道上游底部。工况 2 坝体垂直正应力的范围为 −3.925～0.612 MPa,垂直正应力的最大压应力为 3.925 MPa,出现在坝踵廊道上游底部,坝体垂直正应力的最大拉应力为 0.612 MPa,出现在坝趾廊道顶部；坝体 σ_3 最小值为 −5.317 MPa,因此坝体最大主压应力为 5.317 MPa,出现在坝趾廊道下游顶部。两种工况下的应力分布相似,考虑裂缝后,坝趾和坝踵廊道的应力都略有增加。

由图 6-7 可知,坝体平均温度最低时,工况 1 温度最高为 8.980℃,位于坝体中部,温度最低为 −0.085℃,位于坝体外侧坝趾处；工况 2 温度最高为 9.398℃,位于坝体中部,温度最低为 −2.017℃,位于坝体外侧顶部。

由图 6-8 和图 6-9 可以看出,考虑裂缝后,坝体内总水头和压力水头分布基本不变,挑流鼻坎附近水头增加,浸润线略有上升。

2) 渗流量分析

计算模拟选取 870 廊道渗流量计算,计算结果与气温进行对比,见图 6-10(本章横坐标刻度标签月份皆表示月末)。

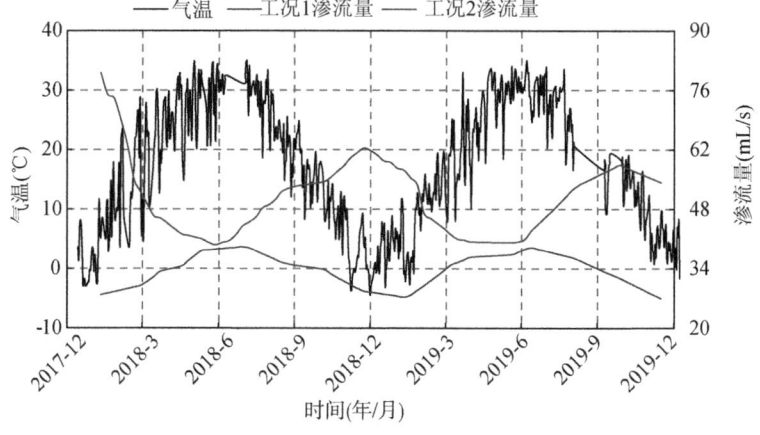

图 6-10 工况 1 和 2 渗流量计算值与气温对比图

工况 1 和工况 2 渗流量极值见表 6-6。

表 6-6 渗流量极值

工况	渗流量最大值 Q_{max} (mL/s)	Q_{max} 出现时间 (年/月)	渗流量最小值 Q_{min} (mL/s)	Q_{min} 出现时间 (年/月)
工况 1	40.06	2018/7	27.80	2019/1
工况 2	80.06	2018/1	40.20	2018/6

在水位不变时,未考虑裂缝情况下,渗流量与气温有着明显的正相关,此时考虑由于温度升高引起渗流速度变快,从而引起渗流量的增大。而在考虑裂缝的情况下,在气温最低时,工况 2 渗流量多于工况 1 的渗流量,致使出现了渗流量与气温呈负相关现象,分析是由于冬季温度较低,混凝土收缩,引起裂缝扩张,从而裂隙渗流增加,致使总渗流量增加。

考虑裂缝情况下的渗流量和气温对比图见图 6-11。

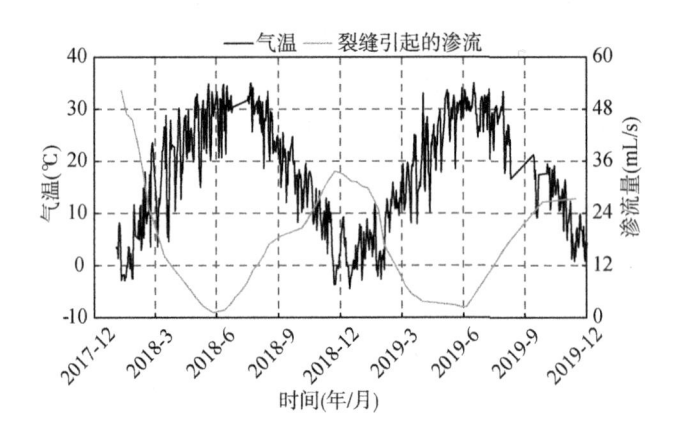

图 6-11 考虑裂缝情况下的渗流量与气温对比图

考虑裂缝情况下的渗流量与气温形成明显的负相关,而工况 1(不考虑裂缝)的渗流量与温度呈正相关,说明温度对于裂缝宽度影响较大,而裂缝的扩展导致了坝体渗流量的增加。

6.4.2 工况 3 和工况 4 对比

工况 3:气温不变,上游水位随时间变化,未考虑裂缝;工况 4:气温不变,上游水位随时间变化,考虑裂缝。

由工况 1 和 2 分析得知,在水位不变时,冬季的渗流量更大。因此工况 3 和 4 采用平均气温为 9.5℃,水位设置为 2018 年和 2019 年两年的实测上游水位。

1) 三场分析

坝体压应力出现最大值时的坝体垂直正应力(σ_T)云图和第三主应力(σ_3)云图见图6-12和图6-13。其中应力以拉应力为正,压应力为负。

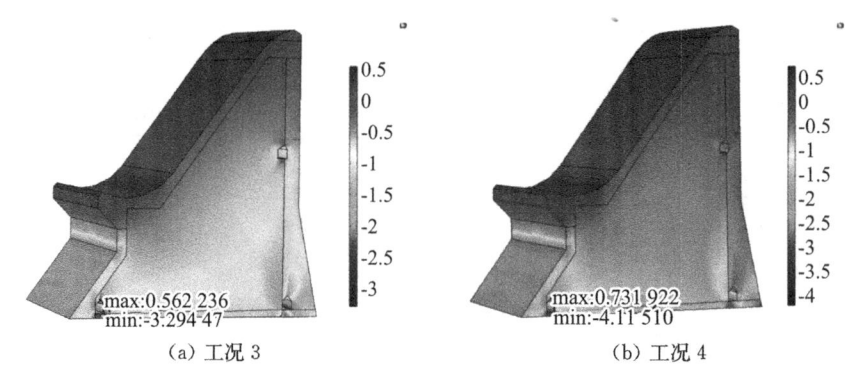

(a) 工况3　　(b) 工况4

图6-12　工况3和工况4坝体垂直正应力云图(单位:MPa)

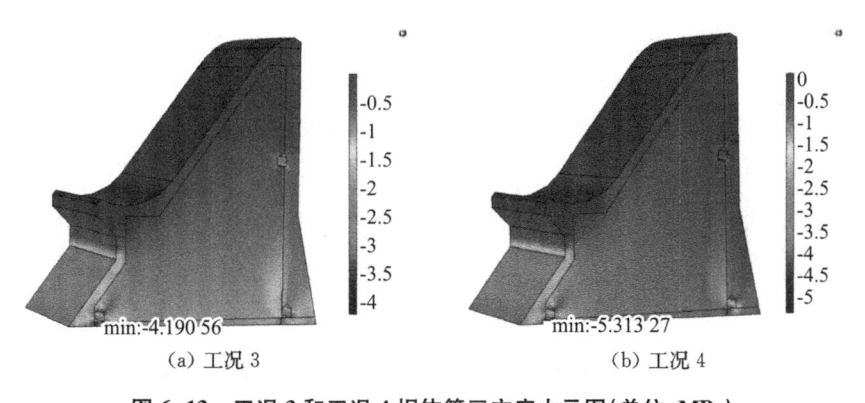

(a) 工况3　　(b) 工况4

图6-13　工况3和工况4坝体第三主应力云图(单位:MPa)

坝体平均温度最低时的坝体温度(T)云图见图6-14。

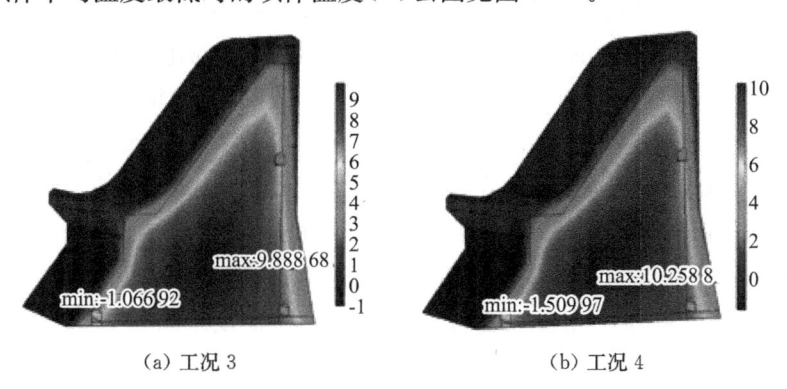

(a) 工况3　　(b) 工况4

图6-14　工况3和工况4坝体温度云图(单位:℃)

坝体压力水头分布最高时坝体的总水头等值面图以及坝体纵断面压力水头等值线图见图 6-15 和图 6-16。

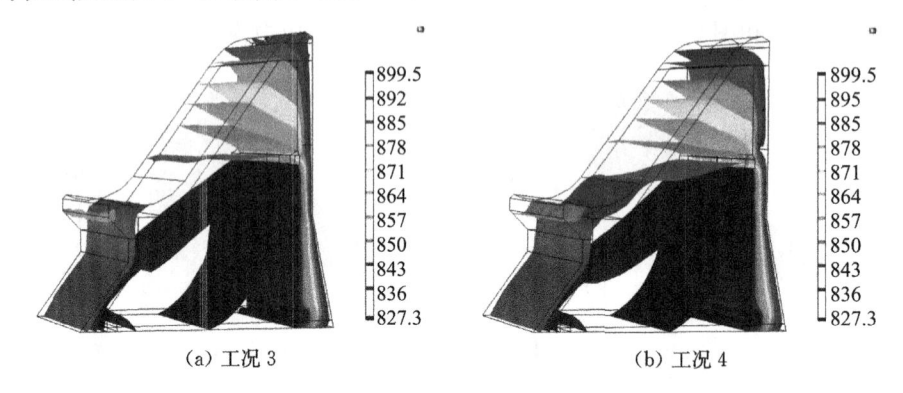

(a) 工况 3 (b) 工况 4

图 6-15　工况 3 和工况 4 坝体总水头等值面图(单位:m)

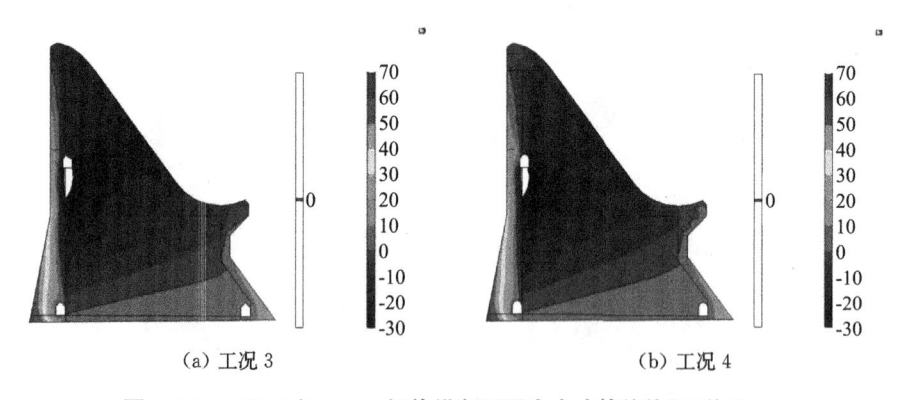

(a) 工况 3 (b) 工况 4

图 6-16　工况 3 和工况 4 坝体纵断面压力水头等值线图(单位:m)

由图 6-12、图 6-13 可以看出,工况 3 坝体垂直正应力范围为 −3.294～0.562 MPa,坝体垂直正应力的最大压应力为 3.294 MPa,出现在坝趾廊道上游底部;坝体垂直正应力的最大拉应力为 0.562 MPa,出现在坝趾廊道顶部;坝体 σ_3 最小值为 −4.191 MPa,因此坝体最大主压应力为 4.191 MPa,出现在坝趾廊道上游底部。工况 4 坝体垂直正应力的范围为 −4.115～0.732 MPa,垂直正应力的最大压应力为 4.115 MPa,出现在坝趾廊道上游底部;坝体垂直正应力的最大拉应力为 0.732 MPa,出现在坝趾廊道顶部。坝体 σ_3 最小值为 −5.313 MPa,因此坝体最大主压应力为 5.313 MPa,出现在坝趾廊道下游底部。

由图 6-14 可知,坝体平均温度最低时,工况 3 温度最高为 9.889℃,位于坝体中部,温度最低为 −1.067℃,位于坝体外侧坝趾处;工况 4 温度最高为 10.259℃,位于坝体中部,温度最低为 −1.510℃,位于坝体外侧坝趾处。

由图 6-15 和图 6-16 可以看出,考虑裂缝后,挑流鼻坎附近水头增加,浸润线上升。

2) 渗流量分析

渗流量计算结果与上游水位进行对比,见图 6-17。

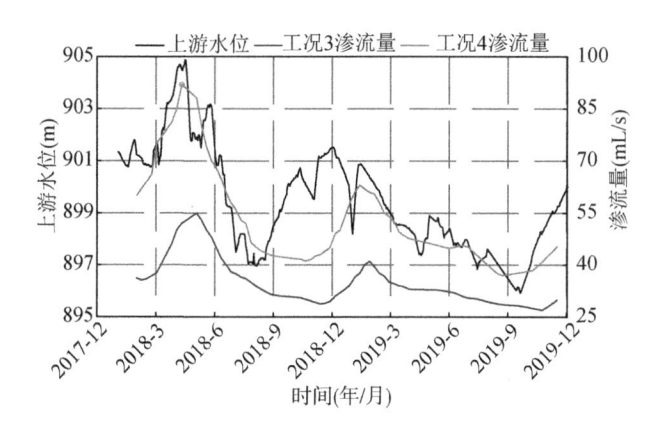

图 6-17　工况 3 和工况 4 渗流量计算值与水位对比图

工况 3 和工况 4 渗流量极值点见表 6-7。

表 6-7　渗流量极值

工况	渗流量最大值 Q_{max} (mL/s)	Q_{max} 出现时间 (年/月)	渗流量最小值 Q_{min} (mL/s)	Q_{min} 出现时间 (年/月)
工况 3	53.12	2018/5	27.86	2019/11
工况 4	92.41	2018/5	37.21	2019/9

由图 6-17 可以看出:渗流量与上游水位存在正相关的关系,由于上游水位增高,水头增大,进而导致渗流量增大。在有、无裂缝对比中,有裂缝时的渗流量多于无裂缝时,裂缝对于总渗流量的影响仍然很大。

考虑裂缝情况下的渗流量和上游水位对比见图 6-18。

可以看出考虑裂缝情况的渗流量也和水位呈明显的正相关,这是由裂缝渗流的边界水头也是由上游水位决定的。而由于水压力的升高,也会致使裂缝宽度增加,从而增大渗流量。两种因素使得裂缝渗流和水位正相关性极高。

6.4.3　工况 5 和工况 6 对比

工况 5:气温随时间变化,上游水位随时间变化,未考虑裂缝;工况 6:气温随时间变化,上游水位随时间变化,考虑裂缝。

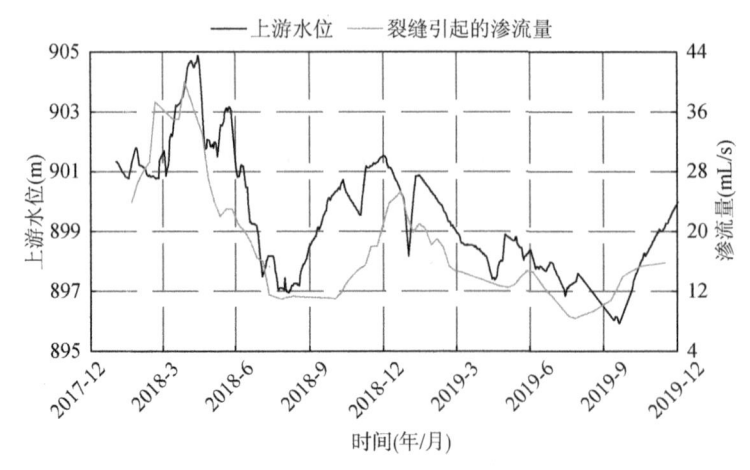

图6-18 考虑裂缝情况下的渗流量与水位对比图

1) 三场分析

坝体压应力出现最大值时的坝体垂直正应力(σ_T)云图和第三主应力(σ_3)云图见图6-19和图6-20。其中应力以拉应力为正,压应力为负。

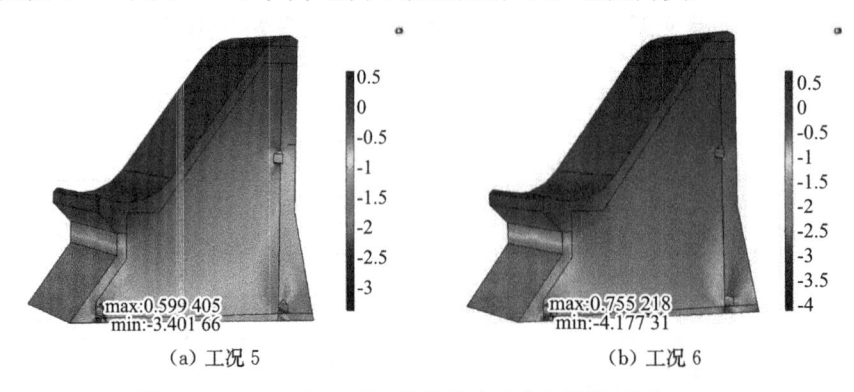

(a) 工况5　　　　　　　　(b) 工况6

图6-19 工况5和工况6坝体垂直正应力云图(单位:MPa)

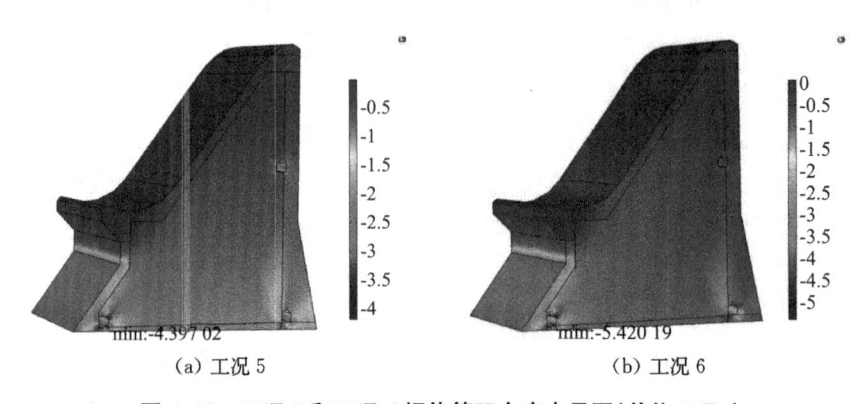

(a) 工况5　　　　　　　　(b) 工况6

图6-20 工况5和工况6坝体第三主应力云图(单位:MPa)

6 汾河二库廊道积水机理研究

坝体平均温度最低时的坝体温度云图见图 6-21。

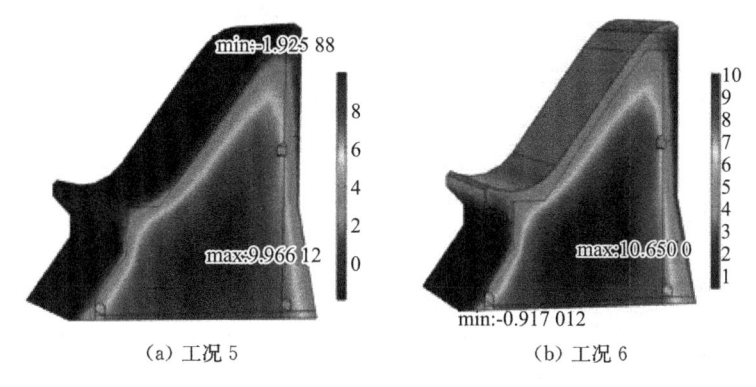

(a) 工况 5　　　　　　　(b) 工况 6

图 6-21　工况 5 和工况 6 坝体温度云图(单位:℃)

坝体压力水头分布最高时坝体的总水头等值面图以及坝体纵断面压力水头等值线图见图 6-22 和图 6-23。

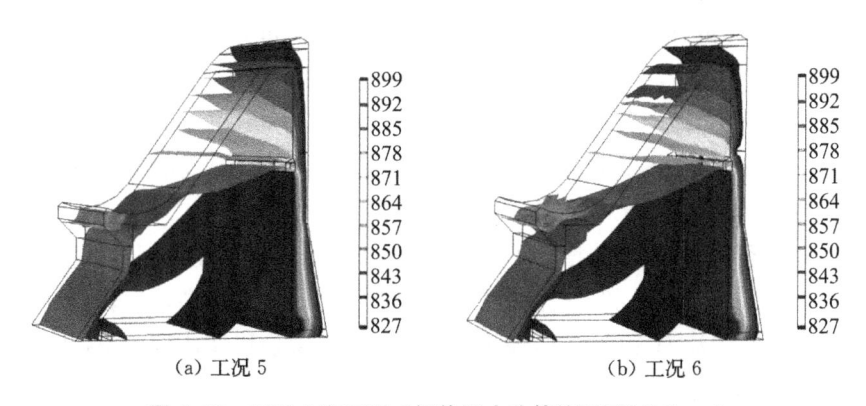

(a) 工况 5　　　　　　　(b) 工况 6

图 6-22　工况 5 和工况 6 坝体总水头等值面图(单位:m)

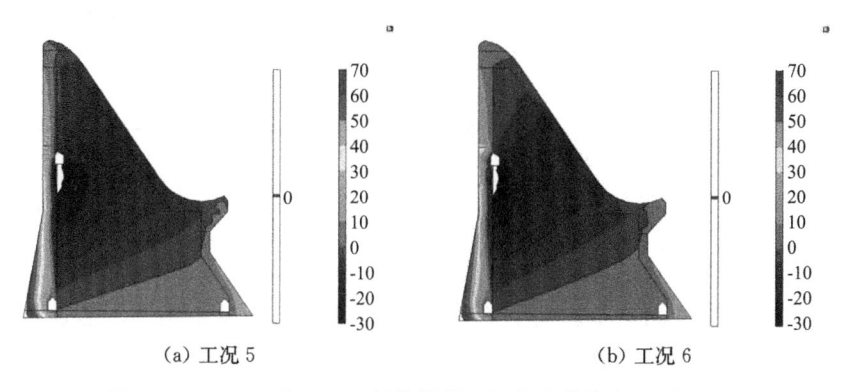

(a) 工况 5　　　　　　　(b) 工况 6

图 6-23　工况 5 和工况 6 坝体纵断面压力头等值线图(单位:m)

工况 5 和工况 6 垂直正应力（σ_T）、第三正应力（σ_3）与温度（T）极值见表 6-8。

表 6-8　坝体 σ_T、σ_3 和 T 极值

工况	σ_T 最小值（MPa）	σ_T 最大值（MPa）	σ_3 最小值（MPa）	T 最小值（℃）	T 最大值（℃）
工况 5	−3.402	0.599	−4.397	−1.926	9.966
工况 6	−4.177	0.755	−5.420	−0.917	10.650

由图 6-19、图 6-20 可以看出，工况 5 坝体垂直正应力范围为 −3.402～0.599 MPa，坝体垂直正应力的最大压应力为 3.402 MPa，出现在坝趾廊道上游底部，坝体垂直正应力的最大拉应力为 0.599 MPa，出现在坝趾廊道顶部；坝体 σ_3 最小值为 −4.397 MPa，因此坝体最大主压应力为 4.40 MPa，出现在坝趾廊道上游底部。工况 6 坝体垂直正应力的范围为 −4.177～0.755 MPa，坝体垂直正应力的最大压应力为 4.177 MPa，出现在坝趾廊道上游底部，坝体垂直正应力的最大拉应力为 0.755 MPa，出现在坝趾廊道顶部；坝体 σ_3 最小值为 −5.420 MPa，因此坝体最大主压应力为 5.420MPa，出现在坝趾廊道上游底部。

由图 6-21 可知，坝体平均温度最低时，工况 5 温度最高为 9.966℃，位于坝体中部，温度最低为 −1.926℃，位于坝体外侧顶部；工况 6 温度最高为 10.650℃，位于坝体中部，温度最低为 −0.917℃，位于坝体外侧坝趾处。

由图 6-22 和图 6-23 可以看出，考虑裂缝后，坝体浸润线增高，挑流鼻坎附近水头值增大。

在考虑裂缝之后，坝体增加了裂缝渗流引起的压力，从而使坝体的垂直正应力和第三主应力增加，同时渗流量增加引起了坝体的水头增高，浸润线抬高。应力的增加以及渗流速度的增加，加快了坝体内的热交换以及传导速率，从而使温度稍有升高。

2）渗流量分析

工况 5 和工况 6 渗流量计算值与上游水位对比图见图 6-24，渗流量极值见表 6-9。

表 6-9　渗流量极值

工况	渗流量最大值 Q_{max}（mL/s）	Q_{max} 出现时间（年/月）	渗流量最小值 Q_{min}（mL/s）	Q_{min} 出现时间（年/月）
工况 5	43.17	2018/5	28.32	2019/10
工况 6	105.77	2018/1	50.35	2019/5

在水位和温度的双重影响下，有裂缝情况下渗流量依然增大。但是可以看出，工况 6 相对于工况 5 的增幅趋势有较大变化，最大值与最小值出现的时间点也有了不小变化。考虑裂缝情况下渗流量与上游水位对比如图 6-25 所示。

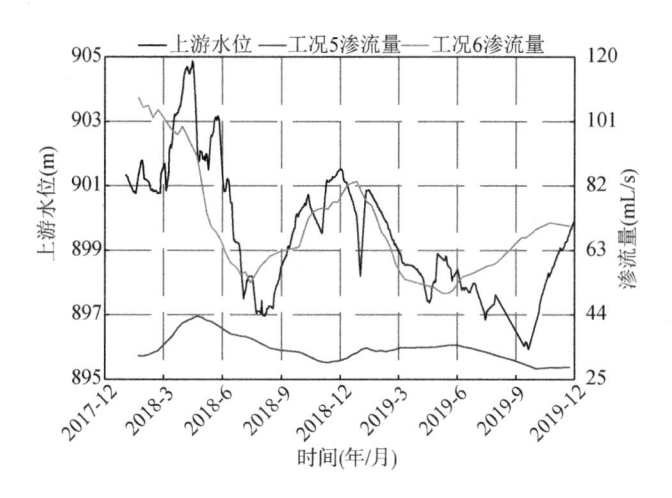

图 6-24　工况 5 和工况 6 渗流量计算值与上游水位对比图

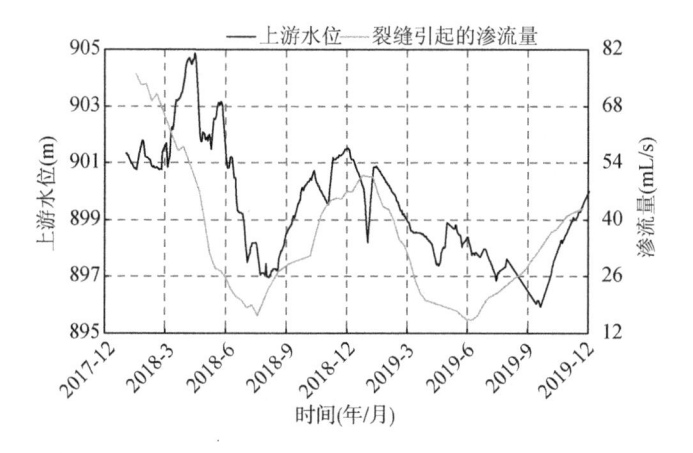

图 6-25　考虑裂缝情况下渗流量与上游水位对比图

可以看出裂缝引起的渗流量和上游水位保持着较明显的正相关性,但是与上游水位有着时间偏差,这是由于温度的负相关的作用,使得渗流量与水位的正相关性出现偏差。工况 5 和工况 6 渗流量计算值与气温的对比图如图 6-26 所示。

在与气温的对比(见图 6-26)中可以看出,不考虑裂缝时,上游水位与气温共同作用,而气温与渗流量有着正相关性,可以得出在不考虑裂缝时,气温更多正相关地影响了渗流量。而考虑裂缝后,在上游水位与气温共同作用下,气温又和渗流量呈现了负相关性。考虑裂缝情况下渗流量与气温对比见图 6-27。

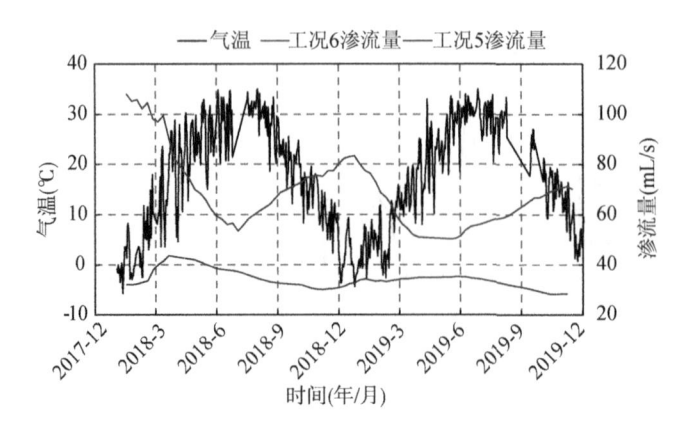

图 6-26 工况 5 和工况 6 渗流量与气温对比图

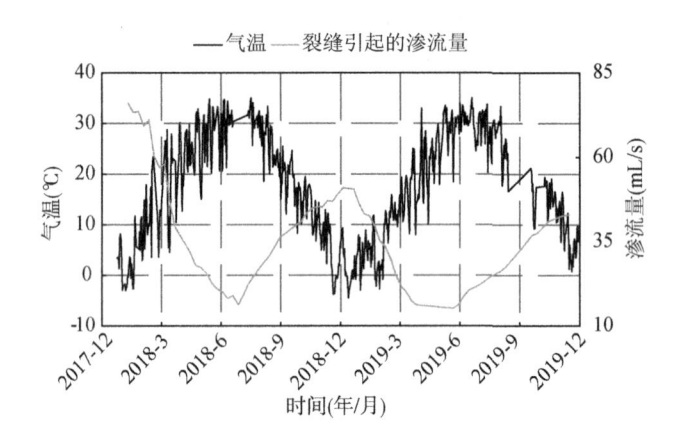

图 6-27 有裂缝工况的渗流量与气温对比图

在气温和上游水位共同作用下,裂缝引起的渗流量与温度有着明显的负相关性,温度对于裂缝渗流的影响更大。在总渗流量与上游水位相关性更大时,裂缝引起的渗流量与温度相关性更大。

6.4.4 计算值与实测值对比分析

工况 6 的运行状态同时考虑了温度变化与水位变化,且设置了裂缝渗流,是水库真实运行状态下的工况,因此工况 6 渗流量的计算值是模拟了 870 廊道的真实渗流量值,现将工况 6 渗流量计算值与实测的 870 廊道渗流量值进行对比,如图 6-28 和图 6-29 所示。

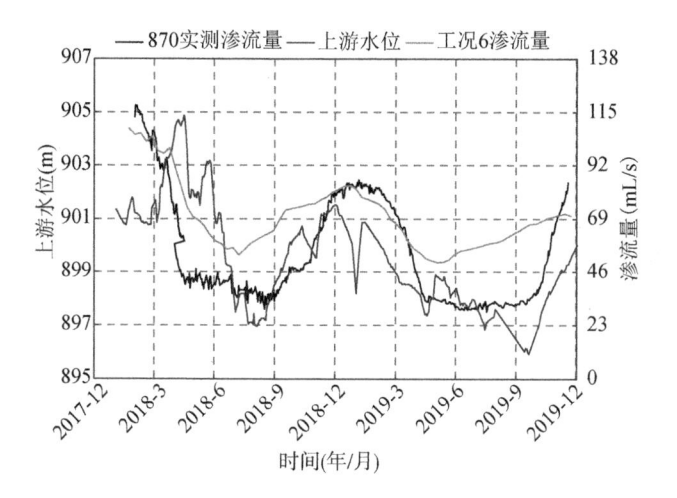

图 6-28　870 廊道渗流量实测值与计算值和上游水位对比图

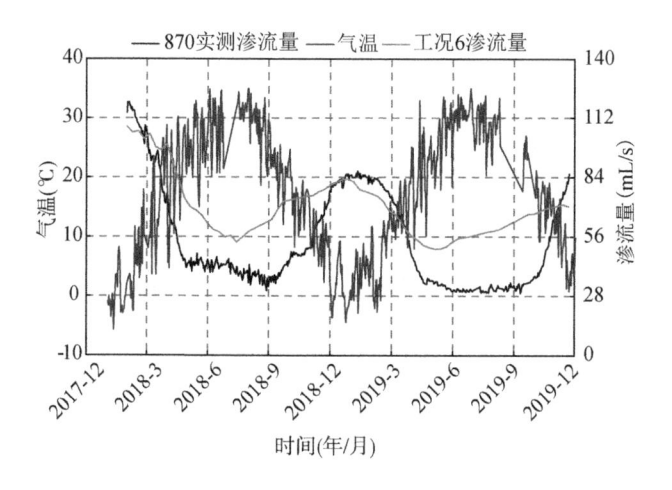

图 6-29　870 廊道渗流量实测值与计算值和气温对比图

从图 6-28 和图 6-29 中可以看出计算值和实测值有相似的变化规律,在渗流量较低时计算值略大于实测值,由于温度升高时未考虑材料的密度变化,因此计算渗流量较高。可得出结论:在上游水位和温度的共同影响下,坝内基体渗流和裂缝渗流共同作用,引起了廊道的渗流量发生季节性变化。

6.5　积水成因分析

根据工况 1 至工况 6 的渗流量对比可以看出,裂缝渗流占廊道渗流的主要部分。裂缝渗流量与气温呈明显负相关,在气温较低时,裂缝宽度变大致使渗流量明显变大。裂缝渗流量与上游水位呈明显正相关,当水位升高时,渗透压力变大,渗流量也随之变大。结合第四章的实测数据分析可知,渗流量与气温和上游水位的统计模型能够较为精准地描述渗流量的变化规律,因此得出结论:汾河二库重力坝的廊道积水主要来自于裂缝产生的渗流,其渗流量与气温呈负相关,与上游水位呈正相关。

7 廊道积水预警方法研究

根据前文分析得知了汾河二库大坝廊道积水的规律以及成因,本章将进一步进行廊道积水的预警方法研究。由于汾河二库大坝是钢筋混凝土拱形廊道,而且坝内廊道长度较长,廊道基本处于一个全封闭的状态,因此光照条件不是很好。且汾河二库位于汾河的上游峡谷区,环境恶劣,廊道的内部环境与地下室很类似,潮湿严重、水雾大,还存在雾菌。廊道内长期积水,环境潮湿,这对电磁的干扰作用也很强,会对廊道内的电磁环境造成约束。因此,需进一步分析廊道环境的特征并选择合适的方法进行廊道积水预警。

7.1 监测方法选择

现实生活中,积水类型有很多,有城市积水、地面积水、地下管道积水、地下洞室积水以及大坝廊道积水等。对于各类积水的监测方法不尽相同,对于特定的工程需要依据其实际工作情况进行积水监测方法的选择,因此分析工程的环境与工程运行中的变化特征,选择积水监测方法和各阶段的具体举措是必要的。

廊道内的积水水位高度会影响整个水库的安全,甚至会影响人民的生命财产安全。因此妥善解决好廊道内的积水问题是十分必要的。近年来,随着现代科学技术的发展,积水监测系统日趋完善。为了更加直观地反映出廊道内积水水位的高度情况,需要选出一套合适的积水监测系统。积水监测系统需要满足以下要求:

(1) 监测设备集成化:由于国内外技术发展的差距,相较于我国的水位传感器,国外进口的先进水文监测仪器集成化程度越来越高,而我国除机械类传感器水平较高以外,其他水位传感器不仅在设计要求和设计理念上比较落后,而且在设计制造方面与国外也存在一定的差距,在传感器的集成化程度上亦是如此,水位传感器的大概原理是水位传感器在感知到光波、声波、压力等物理量的变化后,再经过复杂的计算处理过程转化为我们需要的水位高度,此转换过程处理得是否精细直接取决于监测传感器设备的精度和质量,并且直接影响测量结果。因此选择集成化程度高、精度高的传感器是很有必要的。

(2)智能化操作系统:控制操作系统需要根据水情自动化监测设备所面临的情况与周围所处的环境进行判断,并及时做出正确动作,尤其是在防汛监测过程中,这就意味着控制操作系统需要向着智能化的方向发展。智能化能够让水情监测设备在使用中更加省时省力,真正实现自动化。

(3)远程操作与无线通讯:水情监测系统一般安装于野外,基本处于无人值守的状态,自动化的实现就是要求工作人员能够对系统进行远程操作,包括监测、修改参数、编程、管理等方面,是综合功能的体现,需要将通信网络和相应的软硬件结合起来,达到组网维护方便、系统灵活多样的目的。国外的水情监测设备在无线通讯技术领域对卫星、雷达等手段的使用已经较为成熟,国产设备在此方面与国外还有一定的差距。

(4)完善监测项目:水情自动化监测需要对所监测区域进行全面、完善的水情参数监测,包括渗流、水位、水温、泥沙、压力、气象等一系列水文特征,但是由于此项目只研究廊道内的积水情况,因此只需要监测渗流和水位。据了解,目前国内只有较大型水库配备了较为完整的水情监测设备,例如库区坝前水温的监测,很多中型、小型水库均未进行库区水温的监测,故无法进行相应的模型研究,而库区热量交换和水库热状况研究均需要水温监测数据。各个流域所面对的情况不同,缺乏的水情参数也不尽相同,我们还需要加强对应环节的改善力度,不断完善水情监测系统的功能。

不仅如此,为了监测结果的准确性,积水监测系统在设计时还需要遵循以下原则:

(1)可行性原则:任何一个项目均应遵循可行性原则,要确保所设计的监测系统在各方面包括资金、人员以及技术方面都具有可行性。因此需要进行全面调研,结合现有资源与条件,确定最优的设计方案。

(2)可靠性原则:由于水情监测系统所处的工作环境较为恶劣,整个系统的运行更应保证稳定可靠,系统应当具备处理突发事件的反应程序和一定程度的容错功能,避免因为诸如雷击或断电等非正常情况的发生,而导致系统瘫痪或数据丢失。除了系统运行的可靠性需要保障,确保数据的准确可靠性也是非常重要的一个方面,对于"坏数据"和"脏数据"应当提前进行剔除。

(3)实用性原则:紧密结合实际,避免华而不实的功能设计,选择一些目前主流的、成熟的技术,使项目具备国内领先的技术水平,同时结合当地地形气候环境与现有设备基础,通过实地调研确定系统功能,在自动采集水情参数信息的基础上综合各种功能需求,并保证系统的安全稳定运行,在确保所有功能方便可靠的前提下最大程度地满足水库水文数据信息化管理的要求。

(4)安全性原则:充分考虑各种安全措施,保证数据传输的完整性、可靠性与保密性。所有管理功能和模块需能定义管理员与用户的权限,提高管理的安全性。

(5)规范化原则:严格按照国家有关标准和规范要求,在系统设计过程中的每一个环节都遵循通用的国际或行业标准。

(6)易操作和易维护原则:在保证系统各项功能成功实现的基础上,系统直观设计应尽可能简单友好,减少因系统复杂带来的对工作人员的各种特别培训;在后期的维护管理工作上必须保证跟进,确保系统在正式投入使用过程中维护成本较低。

(7)可扩展性和开放性原则:坚持水利绿色发展与可持续性发展的思路,系统功能设计方面应考虑水利发展的长远需求,注意技术的开放性,留有与其他系统衔接的预置功能接口,方便今后系统功能的扩充。

监测方法大致包括数据采集模块、数据接收模块、数据传输模块、报警装置、计算机终端及管理系统模块。其中,数据采集模块用于采集水位数据信息,数据采集模块与数据接收模块连接,数据接收模块与数据传输模块连接,数据传输模块与服务器连接,服务器分别与用户终端模块、管理系统模块连接。不同监测方法对于各模块的确定有不同的特点。

按照监测方法不同可将积水监测分为接触式、非接触式以及图像式。接触式监测方法有接触式水尺测量法和接触式传感器测量法;非接触式监测方法有红外监测法和超声波监测法等;图像式监测方法主要利用图像识别和处理技术对积水路面进行识别。以下根据廊道的环境以及各监测方法的特点来选取合适的监测方法。

7.1.1 基于接触式积水监测的方法

7.1.1.1 采集终端模块

采集终端模块分为接触式水位传感器和接触式水尺,接触式水位传感器又分为电容式压力传感器和磁致伸缩传感器,以下根据廊道环境分析各种传感器与水尺的适用性。

1)电容式压力传感器

电容式压力传感器是以各种类型的电容器作为传感元件,将被测量对象位置的变化转换成电容量的一种装置。属于接触式水位计,具有结构简单、分辨能力高、工作可靠、适应环境能力强、动态响应快的优点。

电容式压力传感器在测量水位时,其金属电极需要处于干燥状态,冬季工作时还需进行防寒防风处理,因此传感器应具有较强的密封性,同时要合理设计其整体结构。在保证传感器测量灵敏度和测量精度的同时,必须对其进行正确设计、选材及精细加工,结合考虑工程使用中的要求,尽量实现低成本、高精度、稳定可靠等目标,在传感器外形结构设计、材料的选取、浇铸材料选择、内部金属电极尺寸及间距的选择以及传感器的封装方式等方面都需要经过精心设计,根据已有的电容水位传感器在实际应用中出现的问题,综合考虑并结合水库现场环境进行改进。汾河二库廊道在夏季积水较少,因此电容式压力传感器可用于夏季的低水位测量。廊道冬季温度寒冷,若使用电容式压力传感器,应对传感器电极进行浇筑,使其具有较好的防寒性能。

2) 磁致伸缩传感器

磁致伸缩传感器利用磁致伸缩原理,通过两个不同磁场相交产生一个应变脉冲信号来准确地测量位置。测量元件是一根波导管,波导管内的敏感元件由特殊的磁致伸缩材料制成。测量过程是由传感器的电子室内产生电流脉冲,该电流脉冲在波导管内传输,从而在波导管外产生一个圆周磁场,当该磁场和套在波导管上作为位置变化的活动磁环产生的磁场相交时,由于磁致伸缩的作用,波导管内会产生一个应变机械波脉冲信号,这个应变机械波脉冲信号以固定的声音速度传输,并很快被电子室所检测到。磁致伸缩传感器具有测量精度高、工作寿命长、安装方便、调试快捷、成本低等优点。

磁致伸缩传感器测量精度受温度影响,汾河二库地处山西省,昼夜温差较大,温度是影响其测量精度的主要因素,可通过选择密度稍小的浮子以及沿着传感器波导管在不同的距离上安装 1~5 个 RTD(热电阻)或其他测量温度的芯片,不停地监测液体的温度变化并得出平均温度,然后根据平均温度以温度补偿的方法来提高测量精度。磁致伸缩传感器的测量范围为 50~3 000 mm,可用于廊道内中高水位的测量。

3) 电子水尺

电子水尺自身存在着许多感应点,当水位变化达到某个感应点时,感应点基于电导的变化探测到水位变化。

电子水尺的精度与结构有一定的关系,可分段安装,由于廊道环境的变化,电子水尺的稳定性会受到一定的影响,故需定期清理接触点。由于电子水尺在廊道积水应用中稳定性差,抗干扰能力弱,在布线上存在一定的难度,因此不适合用于廊道积水检测。

7.1.1.2 数据接收模块

数据接收模块用来接收传感器的数据,配置可编程逻辑控制器(Programmable Logic Controller,PLC),PLC 设计有 RS-485 通信接口,可实现与计算机中心之间的数据通信。CPU 作为 PLC 系统的主控制器,主要进行数据的采集、处理及控制。该模块硬件和运行条件与外界环境相关性较小,因此皆可使用,可在使用时进行具体选型。

7.1.1.3 数据传输模块

数据传输模块采用有线传输,可通过双绞线与同轴电缆进行电信号的传输,通过光纤进行光信号的传输。双绞线和光纤已被广泛应用于监测系统中。其中双绞线一般使用 RS-485 远程通信,构建和计算机终端间的数据通信。以下分析 RS-485 与光纤特点,得出其廊道适用性。

1) RS-485

RS-485 是一个定义平衡数字多点系统中的驱动器和接收器的电气特性的标准,该标准由电信行业协会和电子工业联盟定义。使用该标准的数字通信网络能在远距离条件下以及电子噪声大的环境下有效传输信号。RS-485 使得连接本地网络以及多支路通信链路的配置成为可能。RS-485 系统运行稳定且通信效率高,为专用有线通信线路,该线路上只有通信信号,没有其他信号干扰,因此集中器能够以较高的速率与主站之间完成通信。

RS-485 敷设较为困难,由于廊道内的监测系统需要在集中器与主站之间敷设通信线路,廊道内较为狭窄,尤其是模块比较分散时,通信线路敷设的工程量会很大,而且由于廊道内的特殊环境,可能存在廊道内积满水的情况,因此架设在廊道内的线路容易被水淹没。架设在外面的线路如果断裂或被腐蚀,就要重新敷线。对于新增加的数据采集点,也要及时敷线,使其接入通信网内。因此RS-485 不适用于从廊道内向外传输数据,可作为廊道内部通讯,并需做好严格的防水措施。

2) 光纤

光纤通信是利用光波作载波,以光纤作为传输媒质将信息从一处传至另一处的通信方式,被称为"有线"光通信。光纤的传输性能远优于电缆、微波通信,如今已成为世界通信的主要传输方式。光纤频带宽、损耗低、重量轻、抗干扰能力强,光纤主要由石英组成,具有只传光和不导电的特性,且电磁场对在其中传输的光信号不能产生影响,因此光纤传输对于电磁干扰与工业干扰有着很强的抵御能力。

光纤存在线路老化和破坏问题,建设和使用成本均较高。光纤通信也需进行通讯线路的专门铺设,需配置额外的光纤收发器作为采集单元,其通讯系统更加复杂。因此将其应用于廊道也有一定的难度。

7.1.1.4 报警装置、计算机终端及管理系统模块

报警装置由蜂鸣器、高音喇叭、LED爆闪灯组成,安装在廊道的进出口处,当收到报警信号后,蜂鸣器将启动,发出蜂鸣声,同时高音喇叭启动,发出报警语音提示。

依据积水深度 $H<0.1\,\text{m}$、$0.1\,\text{m}\leqslant H<0.5\,\text{m}$、$H\geqslant 0.5\,\text{m}$,将积水分为轻度、中度、重度三级,设置为蓝色预警、黄色预警以及红色预警三级。如表7-1所示。

表 7-1 积水深度预警标准

预警等级	断定标准
蓝色预警	$H<0.1\,\text{m}$
黄色预警	$0.1\,\text{m}\leqslant H<0.5\,\text{m}$
红色预警	$H\geqslant 0.5\,\text{m}$

计算机终端管理系统模块不受廊道限制,其具体设计应依据实际经济条件以及发挥效果而定,具体模块在下文确定。

7.1.2 基于非接触式积水监测的方法

非接触式积水监测的方法与接触式积水监测的方法在模块分布上大抵相似,以下就其各模块特点具体分析。

7.1.2.1 采集终端模块

非接触式积水监测的采集终端模块采用的传感器有超声波传感器、雷达传感器以及红外线水位传感器,以下继续就各种传感器特点,根据廊道环境分析其适用性。

1) 超声波传感器

超声波传感器是将超声波信号转换为其他信号的传感器,具有频率高、波长短、方向性好、穿透力强的优点。超声波传感器能对透明和有色物体,金属或非金属物体,固体、液体、粉状物质进行检测。而且任何环境条件均不会影响其检测性能。超声波水位计安装于被测液面正上方,由超声探头发射一束超声波,超声波遇到被测物体发生反射,探头接收回波,测得超声波往返于探头与被测液面之间的时间,已知超声波在空气中的传播速度,然后计算探头与被测液面之间的

距离。超声波传感器的适用水深为 0～60 m,精度很高。但是由于温度会对超声波在空气中的传播速度产生一定影响,所以需要对超声波水位计进行温度修正,一般应在仪器指定的工作温度下进行测量。超声波探头在发射超声波脉冲的同时不能接收反射回波,因此探头附近存在一小段无法测量的距离,称为盲区,被测液面最高位置与探头距离应大于盲区,由于廊道内空间较小,因此水位较高时,数据会出现误差,因此只适用于廊道积水处于中低水位时的测量。超声波传感器的数据处理也比较繁琐。

2) 雷达传感器

雷达传感器是利用电磁波来探测目标的电子设备,通过对目标发射电磁波并接收其回波来测量水位高度。设备主要包括发射机、发射天线、接收机、接收天线、处理部分及显示器。雷达传感器量程为 30 m,具有精度高、抗干扰能力强、测量不受水质和漂浮物影响、成本低、安装维护简单等优点。

雷达式传感器所需装置设备多,廊道内空间有限难以安装,且雷达式传感器价格较为昂贵,廊道内需要进行多点测量,造价高昂,因此不适用于廊道之中。

3) 红外测距传感器

红外测距传感器的工作原理是基于红外信号对不同障碍物产生反射的强度不同,通过发射一定频率的信号,再接收与发射信号具有相同频率的信号,来判别障碍物的位置。依据光源强度大小来估计物体的位置,接收光的强度大小与反射物位置有关,因此反射光强度大小与距离成反比,获取经水体衰弱后的光强,计算出红外光穿过的距离,实现水位测量[74]。

但是红外信号容易受外界热源、光源干扰,且穿透力不强,容易被人体辐射遮挡,信号不易接收,易受其他辐射干扰。当环境与人体温度接近时,探测和灵敏度会受影响。此外由于廊道高度的限制,传感器安装位置高度受限,使得检测距离和精度有限。因此在廊道内不适合使用红外测距传感器。

7.1.2.2 数据接收模块

数据接收模块用来接收传感器的数据,其可由微控制单元(Microcontroller Unit, MCU)实现,传感器将实时参数发送给 MCU,MCU 对数据进行采集与预处理,并通过数据传输模块发送给计算机中心。该硬件的运行条件与外界环境相关性较小,在廊道内可以使用,可在实际应用时进行具体选型。

7.1.2.3 数据传输模块

数据传输模块采用无线传输,可由窄带物联网(Narrow Band Internet of Things,NB-IoT)模组或远距离无线电(Long Range Radio, LoRa)实现,以下就这两种传输方式进行廊道适用性分析。

1) NB-IoT

NB-IoT 为低功耗广域网技术，可进行大规模的低功耗连接处理，拥有超大的覆盖范围，并具有深度室内穿透性能。

杨观止等[75]经过实验得知信号强度较弱的半封闭场景对 NB-IoT 的信号质量有较大影响，信号的 RSRP、SNR 等指标出现了不同程度的下降。因此 NB-IoT 并不适用于从较封闭的廊道内部向外传输数据。

2) LoRa

LoRa 是一种低功耗局域网无线标准，其优势在于与其他无线传播方式相比，在同样的功耗下，其传播的距离更远，通信距离为传统无线射频通信的 4~6 倍，可以实现低功耗和远距离的统一。

万雪芬等[76]通过实验得出：在地下环境中 LoRa 有着较好的传输性能，可用于地下无线传感器网络的传输。因此在较为封闭的廊道环境中，可使用 LoRa 向外传输信息。

7.1.2.4 报警装置、计算机终端及管理系统模块

报警装置与接触式积水监测方法所用的报警装置相同，区别在于后者以无线传输的方式接收报警信号。计算机终端及管理系统模块依据工作人员要求而定。

7.1.3 基于图像识别的监测方法

基于图像识别的监测方法特点在于采用摄像头以及图像显示，使积水更为直观，以下就各模块特点进行廊道适用性分析。

7.1.3.1 采集终端模块

该监测方法的采集终端模块采用摄像头进行图像识别，以下就其特点进行廊道适用性分析。

图像识别是一种基于图像智能识别的积水深度检测方法，用安装的摄像头拍摄的图像进行积水识别，非常直观，而且操作较为简单。水位图像的检测是通过从摄像机拍摄的含有水尺信息的图像中提取相应区域，读取水位来完成的。

在冬季与汛期阶段，廊道积水偏多，积水水位过高，甚至可能覆盖摄像头，所以所用摄像头需有良好的防水性能。此外，在摄像头被积水淹没时，图像识别无法实现，因此图像识别无法进行高水位的积水测量，可用于低水位的测量[77]。

7.1.3.2 数据接收模块

对于图像识别,需要将图像信息上传到处理器进行处理,数据较为庞大。可以采用嵌入式系统,其处理算法工作的方式使得监控中心对处理器的要求降低[78],提高了水位图像识别效率。嵌入式处理器采用数字信号处理(Digital Signal Process,DSP)来模拟数字信号,其存储设备容量大且运算效率高,被广泛应用于图像处理领域。将 DSP 控制技术应用于系统之中,可以进行分布式运算和以嵌入式处理来进行复杂的计算,进而建立稳定高效的水位预警监测方法。

7.1.3.3 数据传输模块

DSP 与监控中心之间通过 GPRS 模块进行通信。该模块与 DSP 之间的通讯采用 GPRS 协议,且支持串口、网络、短信 AT 指令查询和参数设置。此外还能够进行基站定位,通过网络获取自身位置,以便查询设备所在位置。该模块同样支持 RS-485 模式通信。

由于廊道内主要结构为钢筋混凝土,对信号有很强的屏蔽作用,DSP 系统需建立在廊道之外,使得信息可以通过 GPRS 上传至监控中心,此时 DSP 图像信息的接收需要有线传输,线路敷设较为繁琐。

7.1.3.4 报警装置、计算机终端及管理系统模块

作为积水预警监测方法,在必要时刻,需要在廊道附近播放显示水位警报。最为常见的做法是将 LED 显示屏置于廊道进出口处。该显示屏 DSP 之间通过 RS-485 模式进行通信。LED 显示屏的控制部分主要包含控制卡、显示屏幕和通信接口。主要显示廊道信息和廊道积水实时数据,廊道信息包括:廊道名称、廊道位置、三维模型、报警电话、日期时间;积水实时数据包括:积水水位和积水温度数据。

LED 显示屏的数据仅用于报警显示,关于廊道积水的更多信息需上传至管理人员的计算机终端,其具体设计可依据管理人员要求进行确定。

7.1.4 监测方法确定

前文结合汾河二库廊道的各项特征对三种监测方法的各模块进行了具体的适用性分析,通过分析可知任何一个单一的监测方法都无法单独应用于汾河二库的廊道积水监测,因此需建立组合式的监测方法,来进行汾河二库的廊道积水监测。

对于数据采集模块,当廊道内积水水位不高时,可使用电容传感器、超声波传感器以及图像识别技术来测量水位。电容传感器和超声波传感器都能够完成低水位测量,但超声波传感器较为昂贵,廊道内需要进行多点测量,花费较高,且

当水位升高时可能会覆盖超声波传感器,因此还需对其进行防水处理,增加了经济消耗。出于经济考虑可选用电容传感器进行中低水位的测量。同时采用图像采集装置进行辅助监测,图像采集装置由高清球形摄像机、摄像机支撑支架、补光灯组成,摄像机支撑支架安装在廊道内部的顶部,摄像机支撑支架与廊道内壁通过膨胀螺栓连接,高清球形摄像机安装在摄像机支撑支架上,进行实时视频录像及图片抓拍,并将图像信息传输到控制模块。补光灯安装在高清球形摄像机旁边,负责抓拍补光。通过高清摄像头拍摄画面可以进一步确认廊道积水的状态,以防水位传感器误触而发送错误的数据信息,设置高清摄像头可以进一步提高数据的准确性,使预警方法得以高效准确地实现。当水位较高以及气候寒冷时,电容传感器和图像识别精度会受到很大影响,此时可使用磁致伸缩传感器进行测量,磁致伸缩传感器较为昂贵,且在一年内使用时间较少,因此磁致伸缩传感器数量可少于电容传感器。综合考虑后,最终确定了以电容传感器与磁致伸缩传感器以及图像识别技术共用的数据采集方式。

对于数据接收模块,由于廊道积水监测需要,图像识别与传感器皆需进行数据接收,因此接收图像使用 DSP 处理器,接收水位传感器的数据使用 MCU 模块。单片机是一种集成电路芯片,是采用超大规模集成电路技术把具有数据处理能力的中央处理器 CPU、随机存储器 RAM、只读存储器 ROM、多种 I/O 口和中断系统、定时器/计数器等功能(可能还包括显示驱动电路、脉宽调制电路、模拟多路转换器、A/D 转换器等电路)集成到一块硅片上构成的一个小而完善的微型计算机系统,这在工业控制领域被广泛应用。单片机又称单片微控制器,它不是完成某一个逻辑功能的芯片,而是把一个计算机系统集成到一个芯片上。相当于一个微型的计算机,和计算机相比,单片机只缺少了 I/O 设备。概括地讲:一块芯片就成了一台计算机。它的体积小、质量轻、价格便宜,为学习、应用和开发提供了便利条件。单片机也被称为单片微控器,属于一种集成式电路芯片。单片机主要包含 CPU、只读存储器 ROM 和随机存储器 RAM 等,多样化数据采集与控制系统能够让单片机完成各项复杂的运算,无论是对运算符号进行控制,还是对系统下达运算指令都能通过单片机完成。简单地说,单片机就是一块芯片,这块芯片组成了一个系统,通过集成电路技术的应用,将数据运算与处理能力集成到芯片中,实现对数据的高速化处理。

单片机拥有以下几种应用特点:① 拥有良好的集成度;② 单片机自身体积较小;③ 单片机拥有强大的控制功能,同时运行电压比较低;④ 单片机拥有简易便携等优势,同时性价比较高。每个 MCU 模块可以接收不同类型的传感器,因此可用于同时接收电容传感器与磁致伸缩传感器的数据。在数据接收模块中同时设置 DSP 处理器与 MCU 模块,经过中央控制模块处理两方接收的数据再向外传输。

对于数据传输模块,图像采集装置和传感器采集的数据通过 RS-485 传送至测控装置,分别连接 DSP 处理器与 MCU 模块,测控装置对接收的数据进行处理,通过 LoRa 传送至报警装置与计算机终端,计算机终端再通过互联网 4G/5G 将信号传送至管理系统。

水库大多处于较偏僻且地理环境较复杂的地方,而且长期处于无人值守的状态,因此对廊道内的积水监测设备要求其具备实时性、可靠性,必须要能及时对廊道内的积水水位进行采集以及反馈,同时,由上文混凝土的特征分析可知,混凝土材料是一种多孔非均质的弱透水性材料,在施工过程中进行施工程序控制以及表面温度控制并进行养护,廊道内的混凝土的施工质量会得到保证,因此混凝土对于通讯信号有一定的屏蔽作用。廊道内的环境比较潮湿阴暗,因此对于通讯传输的要求也十分高,传输必须及时可靠。传统的有线通讯由于施工困难,网线布置繁琐,投入维护费用高以及无法满足廊道所处的地理位置的分布功能需求等缺点,正在逐渐被淘汰。而无线通讯技术发展得越来越成熟,与传统的有线通讯相比较,无线通讯的优势逐渐突出。无线通讯技术对于安装在廊道内的积水水位监测和预警系统来说具有重要的技术推动作用。

研究中采用低功耗自适应集簇分层型协议(Low Energy Adaptive Clustering Hierarchy,LEACH)以适量节点来构造节点密度,促进数据传输效率的优化,从而构建合理的无线传感器节点网络布局。LEACH 协议减少了传送到汇聚节点的信息数量以及簇内和簇间的冲突,适用于需要连续监控的应用系统。LEACH 协议不以周期性进行数据传输,因此使得传感器节点能量消耗减少,在给定的时间间隔后,协议重新选取簇首节点,以保证无线传感器网络获取统一的能量分布。

报警装置采用声与像结合的方式,在进行语音报警的同时,使用 LED 显示屏进行数据显示。LED 显示屏安装在廊道的进出口处,显示廊道名称、报警电话、日期时间、水位、温度信息。并根据预先设定的预警标准进行预警显示。测控模块接收到水位信号后,将其与设置阈值对比,依据报警提示发出报警信号与语音报警提示,同时电子显示屏显示所有廊道点位分布,当存在廊道报警时,电子显示屏根据异常点位发出红色脉动波图像,提醒操作人员,操作人员可查看异常点位位置信息,电子显示屏可显示各个图像采集装置的图像信息并进行切换、图片抓拍。

计算机终端以及管理系统软件设计将在下文进行具体描述。适合汾河二库廊道积水监测方法的模块组成如图 7-1 所示。

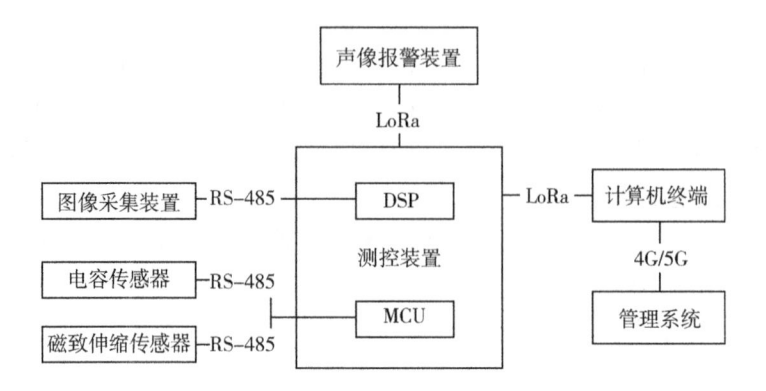

图 7-1　廊道积水监测方法模块组成图

7.2　预警方法建立

7.2.1　数据采集模块选型

1）水位传感器

经研究确定采用电容传感器与磁致伸缩传感器的组合方式,针对汾河二库廊道的环境要求,水位传感器应具有以下特点:① 测量精度高,性能长期稳定,使用寿命长;② 测量范围大,灵敏度高;③ 采用先进工艺,防渗水、耐腐蚀,长期可靠。

依据上述要求,电容传感器选取陶瓷电容传感器,并对其电极进行绝缘材料的浇铸,以减小其介电性对水层空气层的分界面电压变化所产生的影响,本次传感器电极浇铸选择聚氨酯密封胶,浇筑后的陶瓷电容传感器主要技术指标如表 7-2 所示。

表 7-2　陶瓷电容水位计主要技术指标

项目	指标	项目	指标
供电	12VDC±10%	综合误差	≤0.15%FS
功耗	20 μA(待机),10 mA(测量)	水温测量范围	0~60℃
输出	RS-485/Modbus 协议	水温测量精度	±0.2℃
测量范围	5 m,10 m,20 m,50 m	贮存温度	−20~85℃

续表

项目	指标	项目	指标
分辨力	≤0.02%FS	工作温度	−10～40℃
非线性度	≤0.1%FS	贮存湿度	≤95%RH
不重复度	≤0.05%FS	尺寸	直径4.2 cm,长15 cm
滞后	≤0.1%FS		

聚氨脂密封胶在粘接性、适应性、弹性和强度等方面都有着较好的特性,与环氧树脂相比,耐磨性和耐候性都有了进一步的提升,能够适用于极端温度环境,但价格稍贵。

依据指标可以看出,当廊道内温度没有过于寒冷时,可采用陶瓷电容水位计,其测量精度高,不受环境如温度、湿度、泥沙等因素影响,比较适用于测量精度要求高、水位变幅不大的情况。当廊道内积水水位过高时,此监测方法不再适用。为适应廊道内的环境以及提高测量精度,此时可考虑磁致伸缩传感器。

本系统采用MTL4磁致伸缩传感器,MTL4为浮球式液位传感器,有效行程为30～5 000 mm,两端缓冲行程可根据客户需求定制。输出信号多样,精度高,无温漂,无接触,寿命长;测杆耐高温,耐腐蚀,耐压可达64 MPa,可以适用于大部分水位测量环境。其主要技术指标如表7-3所示。

表7-3 MTL4磁致伸缩传感器主要技术指标

项目	指标	项目	指标
供电	+12VDC～+24VDC	温度稳定性	≤0.002%/℃
工作压力	持续工作压力≤35 MPa（MTL内置高压式系列）	输出形式	电流4～20 mA与0～20 mA,电压0～5 V与0～10 V
分辨率	≤0.038 mm	工作电流	≤16 mA
非线性度	≤0.05%FS	测量范围	30～5 000 mm
不重复度	≤0.000 5%FS	工作温度	−20～+55℃
滞后	≤0.001%FS	数字信号	RS-485,Modbus协议
电压信号输出负载	≥4 KΩ	电流信号输出负载	≤500 Ω

2) 图像采集装置

图像处理模块能够将摄像机直接传来的图像信号转化为数字信号,以便控制模块对图像的后期处理。作为直接进行图像采集的摄像机,不仅是整个监测系统的眼睛,还是实现系统预警监测功能的重要组件,可以使本系统能够对廊道实况进行有效跟踪。由于高分辨率摄像机会增加算法复杂度,对构建实时系统不利,但如果分辨率较低,会导致图像信噪比较低,对执行后续算法不利,因此需要选择分辨率适中的摄像机。综合考虑后,选择SONY公司生产的FCB-CX1010P摄像机,该相机有着背光补偿强、图像分辨率及动态范围超过普通相机等优势。其主要技术指标如表7-4所示。

表7-4 FCB-CX1010P摄像机主要技术指标

项目	指标	项目	指标
成像器件	1/4英寸 ExwaveHAD CCD	信噪比	≥50 dB(加重打开)
电源电压	DC 6~12 V	产品尺寸	87.9×50×57.5 mm
环境温度	工作:0~50℃ 存储:−20~60℃	最小工作距离	320 mm(广角端) 1 500 mm(远端)
水平清晰度	530TVL	分辨率	约440,000像素

7.2.2 数据接收模块选型

为满足DSP处理器和MCU模块同时工作的要求,美国ADI公司开发了Blackfin处理器,该处理器体系结构经过优化后,不仅适用于数据计算又能进行相关的控制任务,通过平衡控制任务和复杂计算要求,根据系统实时处理需要,在DSP模式和MCU模式之间转换。

Blackfin处理器包含10级RISC MCU/DSP流水线和改善代码密度的混合16/32位指令集,符合单指令多数据流标准,可用于加速视频和图像处理的指令,具有全信号处理、分析能力,可在单内核器件或双内核器件上提供高效RISC MCU控制任务执行能力。依靠其独特代码密度可以进行极少代码优化处理,所需面市时间大大减少,且不会出现传统处理器性能与空间不足的问题。

7.2.3 数据传输模块选型

有线RS-485数据传输,采用Siemens公司的SIMATIC ET 200pro专用双绞线通信电缆。该电缆具有较好的防水、防油脂性,可在−40~75℃环境温度下运行,其主要技术指标见表7-5。

在无线传输LoRa核心模块中,主控模块采用STM32L151系列芯片,供电电压仅需2~3.6 V。该模块有各种外设接口可供选择,包括UART、四线制SPI、I2C、JTAG调试口和GPIO口。在LoRa射频部分采用SX1276芯片,该芯片有着超长距离扩频通信、抗干扰性强及灵敏度高等优势。

表 7-5　SIMATIC ET 200pro 双绞线主要技术指标

项目	指标	项目	指标
工作电压	有效值 100 V	拉力负荷	100 N
弯曲半径	一次性弯曲时：37.5 mm 多次弯曲时：75 mm	屏蔽层规格	重叠的铝胶合箔，包裹镀锡铜线制成的屏蔽编织层
环境温度	−40～75℃	单位长度重量	80 kg/km

7.2.4　报警装置选型、计算机终端

LED 显示屏的控制部分主要有控制卡、显示屏幕及通信接口。研究中采用 BX-5 型 LED 显示屏，只需在 3～6 V 电压下工作，最大功率不到 1 W，其存储容量为 2MB，可存储 32 个静态图文和 5 个动态图文以及一个双模式动态图文。该显示屏配套的控制卡及控制软件具有设置屏参、扫描方式、下载节目、设定显示模式、定时开关等功能。

计算机终端是指具有数据采集、监视、控制功能的计算机系统，是以监测控制计算机为主体，加上传感器、执行机与被监测控制的对象共同构成的整体。在这个过程中，计算机直接参与被监测控制的对象的监测、监督和控制。

7.2.5　软件设计

7.2.5.1　运行及开发环境

1) 硬件环境

类型：触摸式智能手机

内存：8 G 以上

存储：64 G 以上可用空间

2) 软件环境

操作系统：安卓

数据库：SQL Server2008

3) 开发环境

UI 设计工具：Axure RP

视觉设计工具：PS

后端开发工具：HBulider，Ecplise

接口开发工具：Visual Studio 2012

前端开发语言：HTMl5＋CSS＋JavaScript＋Ajax＋Canvas

后端开发语言：C♯，Java

7.2.5.2 数据库设计

数据库是按照数据结构进行数据管理与数据存储的仓库,数据库种类有很多,无论是简单的数据表格还是具有海量数据存储的大型数据库系统,都取得了广泛应用,如 Oracle、Sybase、Microsoft SQL Server、Microsoft Access、Informix 等。

Oracle 是甲骨文公司开发的一款关系数据库管理系统,它在数据库领域一直是处于领先地位的产品。Oracle 数据库系统是目前世界上流行的关系数据库管理系统,它是一种高效率、可靠性好、适应高吞吐量的数据库方案,支持 C/S(Client/Server)和 B/S(Brower/Server)模式,具有完整而强大的数据管理功能,不仅在网络的信息分布管理方面应用广泛,而且更适合在大型系统中使用。其优缺点如下:

Oracle 数据库系统的优点有:

(1) 运行速度快:对于很简单的 SQL,其存储过程没有什么优势。对于复杂的业务逻辑,因为在存储过程创建的时候,数据库已经对其进行了一次解析和优化。存储过程一旦执行,在内存中就会保留一份存储过程,这样下次再执行同样的存储过程时,可以从内存中直接调用,所以执行速度会比普通 SQL 快。

(2) 减少网络传输:存储过程直接就在数据库服务器上跑,所有的数据访问都在数据库服务器内部进行,不需要传输数据到其他服务器,所以会减少一定的网络传输。但是在存储过程中没有多次数据交互,那么实际上网络传输量和直接 SQL 是一样的。而且我们的应用服务器通常与数据库在同一内网,大数据的访问瓶颈会是硬盘的速度,而不是网速。

(3) 可维护性好:存储过程有些时候比程序更容易维护,这是因为 Oracle 数据库系统可以实时更新 DB 端的存储过程。在运行过程中出现的一些缺陷通过直接修改存储过程里的业务逻辑就可以解决。

(4) 增强安全性:可以提高代码安全,防止 SQL 注入。

(5) 可扩展性大:应用程序和数据库操作分开,独立进行,而不是相互在一起。后期逻辑或需求变更,可以直接在服务端的数据库修改,不需要变更前台代码。

Oracle 数据库系统的缺点有:

(1) 可移植性差。Oracle 数据库的存储过程无法迁移到 MySOL、DB2 等其他数据库,与其他数据库不通用。

(2) 占用服务器端较多资源。大量存储过程并发时对数据库服务器会造成很大的压力。

(3) 对外接口受限制。只能跟 Oracle 数据库交互,不能跟其他数据库以及分布式数据库如 Hive 等交互,也不能读入文件。

(4) 后期编译报错,不能主动提示,如果用定时任务调度,会由于编译报错导致任务失败,无法监控。

Sybase 数据库是美国 Sybase 公司开发的一款关系型数据库,被许多金融企业使用。Sybase 数据库较为方便的一点是能够实现与非 Sybase 数据源或服务器的集成,原因是 Sybase 具有一套独特的应用程序编程接口和数据库,这大大方便了数据在多个数据库之间的复制,系统支持优化查询,具有完备的触发器和存储过程,数据安全性高,适合创建多层应用。通常在 C/S 环境下,Sybase 作为服务器数据库,客户机数据库选择 Sybase SQL Anywhere,该数据库被广泛应用于我国大中型系统中,其优缺点如下:

Sybase 数据库是具有高性能、高可靠性的功能强大的关系型数据库管理系统,Sybase 数据库的多库、多设备、多用户、多线索等特点极大地丰富和增强了数据库功能。因为 Sybase 数据库系统是一个复杂的、多功能的系统,所以对 Sybase 数据库系统的管理就变得十分重要,管理的好坏与数据库系统的性能息息相关。它是基于客户/服务器体系结构的数据库,一般的关系数据库都是基于主/从式模型的。在主/从式模型的结构中,所有的应用都在一台机器上运行。用户只是通过终端发命令或简单地查看应用运行的结果。而在客户/服务器结构中,应用被分在了多台机器上运行。一台机器是另一个系统的客户,或是另外一些机器的服务器。这些机器通过局域网或广域网联接起来。客户/服务器模型的好处是:它支持共享资源且在多台设备间平衡负载允许容纳多个主机的环境,充分利用了企业已有的各种系统。它是真正的数据库,由于采用了客户/服务器结构,应用被分在了多台机器上运行,运行在客户端的应用甚至可以不必是 Sybase 公司的产品。一般的关系数据库,为了让其他语言编写的应用能够访问数据库,提供了预编译。Sybase 数据库,不只是简单地提供了预编译,而且公开了应用程序接口 DB-LIB,并鼓励第三方编写 DB-LIB 接口。由于 DB-LIB 允许开放的客户在不同的平台使用完全相同的调用,因而使得访问 DB-LIB 的应用程序很容易从一个平台向另一个平台移植。Sybase 是一种高性能的数据库,体现在以下几方面:①可编程数据库,通过提供存储过程,创建了一个可编程数据库。存储过程允许用户编写自己的数据库子例程。这些子例程是经过预编译的,因此不必每次调用都进行编译、优化、生成查询规划,因而查询速度要快得多。②拥有事件驱动的触发器,触发器是一种特殊的存储过程,通过触发器可以启动另一个存储过程,从而确保数据库的完整性。③多线索化,Sybase 数据库的体系结构的另一个创新之处就是多线索化。一般的数据库都依靠操作系统来管理与数据库的连接。当有多个用户连接时，系统的性能会大幅度下降。Sybase 数据库不让操作系统来管理进程，而是把与数据库的连接当作自己的一部分来管理。此外，Sybase 的数据库引擎还代替操作系统来管理一部分硬件资源，如端口、内存、硬盘，绕过了操作系统这一环节，提高了性能。当然 Sybase 数据库也存在缺点：Sybase 数据库支持的系统安全性和可靠性相对较差，这主要是因为 Sybase 采用客户/服务器运行环境，网络传输是必需的，但是 Sybase 的客户/服务器体系结构和产品无法对网络的数据传输进行加密。最后值得我们注意的是 Sybase 是为单机设计的，无法支持双机环境。Sybase 对 SQL Server 没有并行处理的支持。这就导致了其在使用时会出现缺陷。

SQL Server 数据库也是一种关系型数据库管理系统，是由微软公司推出的，SQL Server 具有高效智能开放、可伸缩性好、可扩展性高、安全性高、与其他程序开发软件集成度高、操作简单等优势，其数据容量为百万级别，主要面对大中型系统，与其兼容的 SQL 语言可实现对数据库的访问与处理。其关键特性为可以为任何规模的应用提供完备的信息平台，支持大规模数据中心与数据仓库，支持平滑建立与扩展，应用到云端与微软的应用平台。最新的 SQL Server 2008 R2 引进了一系列新功能帮助各种规模的业务从信息中获取更多价值。经过改进的 SQL Server 2008 R2 增强了开发能力，提高了可管理性，强化了商业智能及数据仓库。

Microsoft Access 数据库（以下简称"Access"）是一款数据库应用的开发工具软件，其开发对象主要是 Microsoft Jet 数据库（以下简称"Jet 数据库"）和 Microsoft SQL Server 数据库。由于在 Office 97 及以前的版本中，Microsoft Jet 3.51 及以前版本的数据库引擎是随 Access 一起安装和发布的，Jet 数据库与 Access 就有了天生的血缘关系，并且 Access 对 Jet 数据库做了很多扩充，如在 Access 的环境中，可以在查询中使用自己编写的 VBA 函数，Access 的窗体、报表、宏和模块是作为一种特殊数据存储在 Jet 数据库中，只有在 Access 环境中才能使用这些对象。随着 Microsoft Windows 操作系统版本的不断升级和改良，在 Windows XP 以后的版本中，Microsoft 将 Jet 数据库引擎集成在 Windwos 操作系统中，作为系统组件的一部分。从此 Jet 数据库引擎从 Access 中分离出来，而 Access 也就成为了一个专门的数据库应用开发工具。其主要用来进行数据分析。Access 有强大的数据处理、统计分析能力，利用 Access 的查询功能，可以方便地进行各类汇总、平均等统计，并可灵活设置统计的条件。比如在统计分析上万条记录、十几万条记录及以上的数据时速度快且操作方便，这一点是 Excel 无法与之相比的。其优点如下：Microsoft Access 提供了一个丰富的开发环境。这个开发环境给予使用者足够的灵活性和对 Microsoft Windows 应用程序接口的控制,同时保护使用者免遭用高级或低级语言开发环境开发时所碰到的各种麻烦。不过,许多优化、有效数据和模块化方面只能是应用程序设计者才能使用的。开发者应致力于谨慎地使用算法。除了一般的程序设计概念,还有一些特别的存储空间的管理技术,正确使用这些技术可以提高应用程序的执行速度,减少应用程序所消耗的存储资源。但也存在如下缺点:数据库过大时,一般 Access 数据库达到 100 M 左右的时候性能就会开始下降;容易出现各种因数据库刷写频率过快而引起的数据库问题;Access 数据库的安全性比不上其他类型的数据库。

经过以上对几种数据库的比较,本系统数据库采用 Microsoft SQL Server 2008 R2 数据库管理系统建立并维护。本系统数据库是独立运行的数据库。登录模式为工号,SQL Server 服务器的端口号为 1444。

Microsoft SQL Server 2008 R2 为企业数据管理和分析提供解决方案,主要有一套全新的管理工具包以及与 Visual Studio 2010 和 Microsoft . NET 共同语言运行环境的紧密集成,方便用户更有效地运用构建系统、排错及操作应用系统。不仅如此,系统中固有的数据加密、默认安全设置以及强制口令策略功能保证使用者能够以较好的性能、较高的可用性和较高的安全性运行几乎所有苛刻的应用系统。

7.2.5.3 数据表设计

1) 功能模块数据库

功能模块数据库的相关数据表设计见表 7-6 至表 7-10。

表 7-6 巡检任务基本信息表

序号	中文列名	字段名	数据类型	字段说明	备注
1	任务名称	Taskname	nvarchar(100)	不为空	
2	唯一标识	ID	nvarchar(50)	主键,不为空	
3	检测人员唯一标识	Inspector ID	nvarchar(50)	不为空	
4	检测时间	InspectionTime	Datetime	不为空	
5	任务状态	Status	nvarchar(50)	不为空	分为异常、待办、已完成三种状态
6	自增长	Row_ID	Int	不为空	

表7-7 检测对象表

序号	中文列名	字段名	数据类型	字段说明	备注
1	唯一标识	ID	nvarchar(50)	主键,不为空	
2	检测大类	Object	nvarchar(50)		
3	检测类型	ObjectStatus	nvarchar(50)	不为空	
4	模块ID	StationID	nvarchar(50)		
5	排序	Ordernum	Int		

表7-8 检测状态修改备注表

序号	中文列名	字段名	数据类型	字段说明	备注
1	唯一标识	RowGuid	nvarchar(50)	主键	
2	修改状态人员的唯一标识	ChangeUserGuid	nvarchar(50)		
3	原状态	OldStatus	nvarchar(50)		
4	修改的状态	NewSatus	nvarchar(50)		
5	备注	Remark	nvarchar(MAX)	备注	
6	关联监测任务的唯一标识	WinPowerDutyID	nvarchar(50)		

表7-9 检测对象状态子表

序号	中文列名	字段名	数据类型	字段说明	备注
1	唯一标识	ID	nvarchar(50)	主键	
2	模块唯一标识	StationID	nvarchar(50)		
3	检测状态	Status	nvarchar(50)	正常,异常	
4	检测对象唯一标识	WinPowerObjectID	nvarchar(50)	关联WinPowerObject中ID	
5	检查唯一标识	WinPowerCheckID	nvarchar(50)		

表7-10 检测表

序号	中文列名	字段名	数据类型	字段说明	备注
1	模块唯一标识	StationID	nvarchar(50)	不为空	
2	唯一标识	WinPowerCheckID	nvarchar(50)	主键,不为空	
3	图片唯一标识	PhotoID	nvarchar(50)		
4	监测任务唯一标识	WinPowerDutyID	nvarchar(50)		
5	异常说明	NonormalRemark	nvarchar(max)		
6	备注说明	Remark	nvarchar(max)		

续表

序号	中文列名	字段名	数据类型	字段说明	备注
7	经度	Lon	nvarchar(50)		
8	纬度	Lat	nvarchar(50)		
9	状态	Status	nvarchar(50)	正常完成/异常上报	
10	用户唯一标识	UserGuid	nvarchar(50)		
11	自增长,方便排序	ID	Int		
12	排序	Ordernum	Int		
13	检测状态	Checkstatus	nvarchar(50)		

2)附件功能数据库

附件功能数据库的数据表设计见表 7-11。

表 7-11 附件表

序号	中文列名	字段名	数据类型	字段说明	备注
1	唯一标识	ID	Int	主键,不为空	
2	附件名称	AttachFileName	nvarchar(max)		
3	附件 base64	[Content]	Image		
4	照片类型	DocumentType	nvarchar(50)		
5	关联唯一标识	AttachGuid	nvarchar(50)		
6	上传人唯一标识	UserGuid	nvarchar(50)		
7	上传时间	UploadDate	Datetime		
8	缩略图附件名称	MinAttachFileName	nvarchar(max)		

3)异常信息功能模块数据库

异常信息功能模块数据库的数据表设计见表 7-12。

表 7-12 异常信息处理表

序号	中文列名	字段名	数据类型	字段说明	备注
1	唯一标识	ID	nvarchar(50)	主键	
2	异常表的 ID	OrginalID	nvarchar(50)		
3	异常表名	TableName	nvarchar(50)		
4	处理状态	Status	nvarchar(50)		
5	备注	Remark	nvarchar(max)	备注	
6	修改人员的登录名	Oper	nvarchar(50)		

4）信息推送功能模块数据库

信息推送功能模块数据库的数据表设计见表7-13和表7-14。

表7-13 信息订阅表

序号	中文列名	字段名	数据类型	字段说明	备注
1	唯一标识	ID	nvarchar(50)	主键	
2	用户唯一标识	UserGuid	nvarchar(50)		
3	监测项目ID（多个以英文;隔开）	ProjectID	nvarchar(max)		
4	监测仪器ID（多个以英文;隔开）	InstrumentTypeID	nvarchar(max)		
5	监测部位ID（多个以英文;隔开）	MonitoringSiteID	nvarchar(max)	备注	
6	异常推送等级ID（多个以英文;隔开）	LevelID	nvarchar(max)		
7	信息推送(以英文;隔开)如：day;12:00 week;周一;12:00	MsgType	nvarchar(max)		
8	报告推送(以英文;隔开)如：month;1;8:00 month;lastday;8:00	ReportType	nvarchar(max)		
9	任务推送(以英文;隔开)如:1;month;1;8:00 1;month;lastday;8:00	DutyType	nvarchar(max)		

表7-14 信息推送情况表

序号	中文列名	字段名	数据类型	字段说明	备注
1	唯一标识	ID	nvarchar(50)	主键	
2	用户唯一标识	UserID	nvarchar(50)		
3	推送消息使用的表名	TableName	nvarchar(50)		
4	推送消息使用的表名ID	TableID	nvarchar(50)		

7.2.5.4 系统功能

其主要系统功能如下：

（1）用户界面友好。本系统采用了方便简易的用户友好界面，大部分操作可通过点击鼠标来完成，只有"系统管理"模块需要用户进行自定义修改。数据的查询主要以表格形式列出，兼具图形展示，可直观了解水情变化。

（2）可实现系统不间断运行。只要保证计算机不断网、不关机，系统可实现全天候值守、持续长时间运行。

（3）采集功能。打开预留固定 IP 和端口号，实现与水库雨量遥测站和水位遥测站的实时通讯连接畅通，保证遥测站采集到的参数可安全准确地发送到监测系统的数据库中，并存储在软件系统中。

（4）实时查询显示功能。计算机软件平台形象地显示当前雨量、水温、冰厚、水位采集数值，生成温度链曲线图和技术资料数据，可查询任何时间段内的历史数据，并用表格形式显示，可绘制为更加直观的图形。

（5）存储功能。系统所有实测数据均发送到计算机主机软件平台，由平台自动存储数据至信息管理系统数据库中，可由云平台根据需要存档或进一步处理，进行比较分析。

（6）水文资料整编。系统可自动接收固定 IP 地址的遥测站发送的水情数据，按数据类型分类存储并进行处理，并转化为水文资料数据格式，让工作人员可实时在线进行水文数据的浏览。

（7）基本资料管理功能。作为系统的综合信息管理中心，可进行用户管理、系统配置、水库基本信息管理、数据库备份、修改密码等操作。

（8）较强的扩充升级能力，便于后期维护。

7.2.5.5　系统登录

系统登录之前需要首先打开数据采集程序，与预留的固定 IP 和端口进行连接，然后进入系统登录界面，系统主界面友好、简单、易于操作，界面上有文件、综合查询、图形导视、信息采集、基础数据、系统管理等导航栏。点击相应按钮可进入其他界面。

7.2.6　廊道积水预警方法

由于渗流以及各种其他因素导致廊道内出现积水，如果积水水位超过水位警戒值，可能会导致廊道不能发挥灌浆、排水等作用，甚至可能会导致水库发生溃坝，危及人民生命财产安全。

预警程序设计主要包括控制核心单片机的程序设计以及各个不同类型传感器的数据采集的子程序设计。其中程序的编写需要注意以下几个方面：

（1）尽量减少单片机程序运行时的读存时间，提高运算效率。

（2）在确保单片机及其周围电路运行准确稳定地完成相应功能的前提条件下，合理配置好主程序与子程序之间的中断和连续。

（3）算法尽可能编译得简单易懂。

(4)根据每次数据的收发量,再结合上机位软件要求,合理安排数据采集时间与采集频率。

通过分析目前国内外的监测系统的研究进展情况,并结合目前山西省的实际应用情况,汾河二库廊道内积水监测系统设计的总体思路为:依据全省水库管理监控平台集中统一建设的思路,在汾河二库廊道内的各个测点开展积水监测系统的研究与试验,按照标准化配置、自动化传递、信息化管理的要求,并结合水库规模、大坝坝型等条件进行分析,制定适宜汾河二库廊道内的积水水位自动实时监测系统,完成监测数据的实时采集、传输和分析,构建准确有效的水情测报系统。应尽可能做到以下几点:

(1)低成本。避免低水平重复建设与反复修补所造成的浪费。以最经济的模式,构建符合汾河二库廊道内的积水水位情况并能保障大坝长期安全运行的监测体系,参考国内外现有的监测系统,其中值得借鉴的地方要充分地采纳,对于当今先进的研究成果、技术装备、新型材料以及前瞻性构架,要进一步地集纳,对于现存监测系统中存在的不足,要汲取其中的教训,并总结出经验,避免在此系统中再次出现。建设一流的积水监测系统,降低廊道内的积水高度,提高汾河二库的防汛抗旱能力与水资源利用能力。

(2)以信息化技术提高水库大坝安全管理水平。仅仅靠监测系统所获取的基础水位数据并不能解决问题。还需要通过智能化管控、精准化预警、科学化决策来达到最终的目的。所以,系统不仅要有"监测预警"环节,还要包括"控制"环节,以此形成"闭环",构建水库安全运行的完整体系。

(3)合理构建汾河二库廊道内的积水监测系统。目前,山西省现有的大坝安全监测系统存在监测手段落后、监测方法单一、监测信息实时性差、基层人员理论不足、安全监控不到位等诸多问题,要想解决好此类问题,需要配合使用大坝安全集中监控平台的建设,合理构建汾河二库廊道内积水监测系统,以达到全面提升全省水库大坝安全管理水平的目的。

由于水库位于城外郊区,长期处于无人值守的状态,库外环境也较为复杂,开发出一套功耗低、稳定可靠、数据多重备份、耐受性好、数据安全、抗干扰能力强,同时又易维护、易安装的监测系统有很高的使用价值。同时监测系统还需要具备多类型传感器接口、多通信方式接口、多电源类型接口。

软件系统的设计需涉及数据采集、数据处理和信号传输。预警系统是在监测系统的基础上完善设备,使得监测全面、高效、快速、准确、实时、直观,提高人们对于廊道内水位的预测能力,同时保证户外人员的安全。

监测预警系统软件的核心为 MSP430F5438A 单片机,该软件的内核为 $\mu C/$

OS Ⅱ,可基于此开发廊道内监测预警应用程序,将传感器采集的信号转换后发送给计算机。在传感器中设置好驱动,可对获取的数据进行计算与处理,然后发送给应用程序,应用程序能够实时显示水位数据并进行判断、设置危险水位阈值、设置监测人员的联系方式,当出现危急情况时,可向管理人员传达危险信号消息[79]。

监测软件系统主要包括信号采集部分、人机交互部分和通信部分。信号采集主要通过将传感器测量出的信息转换成数字信号来实现。人机交互是通过搭建 μC/OS 人机交互界面来实现的,此平台提供了程序与人的接口,在 LED 触摸屏幕上,人可以通过触摸屏幕上的按钮设定廊道内积水水位的阈值以及绑定的通信方式,同时,工作人员也可以通过触摸屏上的按钮来调整参数和监视参数。通信主要通过 LoRa 与测量模块的连接,然后以微信推送和短信息的方式将危险信息发送给工作人员,达到预警的效果。这几个部分协同工作,提高了监测预警系统对水库廊道内的水位高度实时监测和预警的能力。

μC/OS 应用软件嵌入式系统是应用于特定系统的,其硬件和软件能够进行定制,为了支持实时操作系统,嵌入式系统在存储芯片中固化软件,具有生命周期长、方便开发更好的人机交互界面等优势。μC/OS 简单易学,其核心代码短小精悍,提供很多便利。而且 MSP430 具有较大空间的 CPU 来完成移植。基于 μC/OS 开发监测系统的应用软件,其应用设计应包含以下部分:① 使用 μC/OS 创建工作人员管理系统;② 以 μC/GUI 进行触摸屏读取信息;③ 以 μC/GUI 进行图像管理窗口编写;④ 使用 UART 连接外部互联网与处理器。μC/OS 的启动、ADC 模块的数据采集和互联网通信模块的初始化是需进行初始化的主要部分。LED 显示屏开启后显示积水监测的主界面,进行页面布局,添加需求的各式控件,将监测人员的联系方式以及需要联系的内容设置在消息按钮控件,以 ADC 按钮控件来设置危险水位预警阈值。

嵌入式 μC/OS 不仅可以用于设计美观的人机交互图形界面,还使功能大大提升,触摸液晶显示屏使操作变得简单,嵌入式系统扩大了软件的开发空间,增强了界面的可扩展性,对以后的软件升级与优化有着重大的意义。

μC/OS 的特点如下:

(1) 可移植性强。μC/OS-Ⅱ 绝大部分源码是用 ANSI C 写的,可移植性较强。而与微处理器硬件相关的那部分是用汇编语言写的,已经压到最低限度,便于 μC/OS-Ⅱ 移植到其他微处理器上。

(2) 可固化。μC/OS-Ⅱ 是为嵌入式应用而设计的,这就意味着只要开发者有固化手段(C 编译、连接、下载和固化),μC/OS-Ⅱ 就可以嵌入到开发者的产品中成为产品的一部分。

(3) 可裁剪。通过条件编译可以只使用 μC/OS-Ⅱ 中应用程序需要的那些系统服务程序,以减少产品中的 μC/OS-Ⅱ 所需的存储器空间(RAM 和 ROM)。

(4) 占先式。μC/OS-Ⅱ 完全是占先式的实时内核,这意味着 μC/OS-Ⅱ 总是运行就绪条件下优先级最高的任务。大多数商业内核也是占先式的,μC/OS-Ⅱ 在性能上和它们类似。

(5) 实时多任务。μC/OS-Ⅱ 不支持时间片轮转调度法。该调度法适用于调度优先级平等的任务。

(6) 可确定性。全 μC/OS-Ⅱ 的函数调用与服务的执行时间具有可确定性。

人机交互界面:人机交互、人机互动(Human-Computer Interaction 或 Human-Machine Interaction,简称 HCI 或 HMI),是一门研究系统与用户之间的交互关系的学问。系统可以是各种各样的机器,也可以是计算机化的系统和软件。人机交互功能主要靠可输入输出的外部设备和相应的软件来完成。可供人机交互使用的设备主要有键盘、显示器、鼠标、各种模式识别设备等。与这些设备相关的软件就是操作系统提供人机交互功能的部分。人机交互部分的主要作用是控制有关设备的运行以及理解并执行通过人机交互设备传来的各种有关命令和要求。目前人机交互方式有多种形式,如命令行、图形化界面,其主要目的是让用户在操作和使用时感觉方便,提高数据管理效率从而适应多种不同层次的用户需求,同时也更加直观,便于人们对重点部件的状态进行实时监控和操作。因此,可通过人机交互触摸屏来设定和改变水位预警阈值。

预警系统中的廊道内积水水位预警阈值已经通过定性的方式进行设定(见表 7-1),现要对汾河二库廊道内的积水水位情况进行预警,就必须落实到具体数值。通过多年来收集到的现场数据可知,在汾河二库廊道内有多个测点,每个测点一年四季的积水水位值呈一定的变化规律。从近两年的测量结果来看,汾河二库表层水温分布在季节更替时呈现出明显的变化规律,与分层型水库表温层分布特征一致。春夏季:在水面 2 m 范围内会出现温度陡升现象;秋冬季:表层水体温度分布均匀。基于气温和库面水温,构建回归模型,结合渗流量的回归模型,可得出它们之间存在着较好的拟合关系。此外,在不同季节,表层水温受到气温的影响程度也不同,水温日变幅值随着气温的升高而增大,受气温的影响也更大,因此还需要针对廊道内的积水水位高度进行定量分析,确定预警阈值。

7.3 小结

（1）提出一种以接触式传感器与图像识别结合、有线和无线通讯方式并用的组合监测预警方法，对汾河二库廊道积水水位进行实时监测预警。

（2）水位传感器可使用陶瓷电容传感器与 MTL4 磁致伸缩传感器组合的方式。图像采集装置可使用 FCB-CX1010P 摄像机。为满足 DSP 处理器和 MCU 模块同时工作的要求，数据接收模块选用美国 ADI 公司开发的 Blackfin 处理器。在数据传输模块中，有线 RS-485 数据传输采用 Siemens 公司的 SIMATIC ET 200pro 专用双绞线通信电缆；无线传输采用 LoRa 核心模块，其主控模块采用 STM32L151 系列芯片。

（3）廊道积水监测预警软件系统的核心为 MSP430F5438A 单片机，该软件的内核为 μC/OS-Ⅱ，可基于此开发廊道内监测预警应用程序，将传感器采集的信息转换后发送给计算机。软件系统主要包括信号采集、人机交互部分和通信部分：信号采集主要通过传感器测量出的信息转换成数字信号；通信部分主要通过 LoRa 与测量模块的连接，然后以微信推送和短信息的方式将危险信息发送给工作人员，达到预警的效果。

8 结论与建议

项目研究中依据汾河二库工程资料和监测数据，以求解渗流为目标，建立了汾河二库溢流坝段基于双重介质的三场耦合模型，采用多场耦合有限元软件COMSOL Multiphyics 进行三维数值模拟，根据监测资料分析和有限元模拟结果分析了大坝廊道积水成因，并研究了廊道的积水监测预警方法。研究的主要结论和建议如下。

8.1 结论

（1）汾河二库在坝基上游防渗帷幕下游侧和下游防渗帷幕上游侧设置了扬压力观测仪器，监测帷幕的防渗效果。其扬压力监测资料分析结果表明：上下游防渗帷幕总体防渗效果较好，局部稍差；右侧岸坡段扬压力系数满足规范要求，右岸绕渗不明显；左岸 889.00 m 高程处扬压力系数较大，可能受左岸绕渗影响。左右坝端绕渗监测资料显示，两坝端防渗帷幕效果较好，右坝端绕渗对岸坡段渗流状态基本没有影响，左坝端绕渗对岸坡段渗流影响较为明显。

（2）通过对大坝整体廊道渗流量与廊道上游壁渗水点渗流量的分析发现，除险加固后大坝防渗体系得到了进一步完善，廊道总渗流量变幅减小，但仍有不稳定的波动。

（3）对各个廊道测点的渗流量监测资料的分析表明，有些测点其渗流量全年变幅较大。选取渗流规律性较明显的五个测点，采用双变量相关性的方法分析其上游水位和气温与渗流量的相关性，分析结果表明气温与渗流量呈负相关，上游水位与渗流量呈正相关。

（4）基于典型廊道测点的渗流量监测资料，建立以上游水位与气温为自变量、渗流量为因变量的裂缝渗流统计模型，进行非线性回归分析，分析结果表明：

廊道的渗流量与裂缝有着密切联系。

（5）多场耦合有限元数值分析结果表明：温度对于裂缝宽度有更大的影响，且裂缝宽度更多地影响了裂缝的渗流量；裂缝引起的渗流量和上游水位呈明显的正相关；在气温和上游水位共同影响裂缝渗流时，裂缝引起的渗流量与气温有着明显的负相关性，说明温度对于裂缝渗流的影响更大；在上游水位和温度的共同影响下，坝内基体渗流和裂缝渗流共同作用，引起了廊道的渗流量的季节性变化。

8.2　建议

（1）扬压力监测使用的测压管中监测数据异常值较多。扬压力观测设施中，测点 UP5、UP6、UP7、UP9、UP10、UP13、UP14、UP15、UPL3、UPL4 数据不合理，工作不正常，或无数据，应检查原因，改造完善。

（2）研究结果表明，在上游水位和温度的共同影响下，坝内基体渗流和裂缝渗流的共同作用是引起汾河二库大坝廊道的渗流量季节性变化及廊道积水的主要原因，因此在水库运行管理中，应加强对坝体及廊道裂缝的监测并及时对坝体及廊道裂缝进行处理。

（3）在冬季寒冷时坝体裂缝变大，廊道内渗水严重，因此应做好冬季的防渗与排水工作。

（4）通过以接触式传感器与图像识别结合、有线和无线通讯方式并用的组合监测预警方法，建立实时有效的廊道积水监测预警系统。

9

基于数字孪生的水库管理一体化平台研究

9.1 概述

根据《"十四五"智慧水利建设实施方案》,按照统一的数字孪生工程要求和标准,结合各流域数字孪生流域建设内容,建设小浪底、丹江口、岳城、尼尔基、三峡、南水北调以及澧水、万家寨、南四湖二级坝、大藤峡、太浦闸等重大水利工程的数字孪生工程。一是搭建数字孪生平台,主要是搭建具有工程(及影响区域)特点的L3级数据底板、模型库、知识库等。二是夯实信息基础设施,主要是升级监测设施,提升通信、计算、控制等设施水平。三是提升业务智能水平,主要是围绕工程安全、防洪、水资源管理与调配等共性业务应用需求和生态、经济社会等特性需求提升业务智能化水平,提升"四预"能力,推动有关单位数字化转型。根据上述要求,本章将针对以渗流为风险源的碾压混凝土大坝数字孪生平台建设关键技术展开研究,将以渗流预警为核心的业务需求融入整个水库管理之中,通过可视化技术和相关模型算法,搭建水库管理一体化平台。数学孪生工程既需要满足现行规范的要求,也需要引入最新的计算机及图形可视化技术。

数字孪生工程平台建设首先要建立标准规范体系,空间地理信息数据及集成数据等代表性标准规范如下:

(1)《混凝土坝安全监测技术规范》(SL 601—2013)

(2)《水利安全生产标准化通用规范》(SL/T 789—2019)

(3)《溃坝洪水模拟技术规程》(SL/T 164—2019)

(4)《水文应急监测技术导则》(SL/T 784—2019)

(5)《水利水电工程安全监测系统运行管理规范》(SL/T 782—2019)

(6)《山洪沟防洪治理工程技术规范》(SL/T 778—2019)

(7)《水情预警信号》(SL 758—2018)

(8)《城市防洪应急预案编制导则》(SL 754—2017)

(9)《水利空间要素图式与表达规范》(SL 730—2015)

(10)《河湖生态环境需水计算规范》(SL/Z 712—2014)

9.2 平台搭建的基本要求

搭建数字孪生平台,主要是搭建具有工程(及影响区域)特点的 L3 级数据底板、模型库、知识库等。影响区域包括影响工程安全的上游水库及梯级,同时也包括工程失事对下游的影响区域。由于影响程度不同,区域大小划分就不同,因此此处的区域指工程周边及上下游主要影响区域。对于大型工程,影响区域必须与流域等相结合,具体内容可以参见数字孪生流域进行。

9.2.1 数据收集与数据底板建设

9.2.1.1 数据收集融合

数据收集融合需要回答两个问题:首先是结合工程特点收集与工程安全、正常运行以及失事风险有关的输入和输出变量,变量类型上包括结构、半结构和非结构数据,覆盖范围上包括上下游库区、大坝坝体、坝基、坝肩、下游影响区域等相关区域,目的是根据这些数据来搭建三维可视化模型、溃坝洪水虚拟仿真模型、结构分析评价模型和监测资料分析预报模型等;其次就是给出适合具体水库结构、水文、调度和安全风险相匹配的数据融合方法,一般数据融合包括传感器、决策级别等不同级别的融合策略,也包括卡尔曼滤波、证据理论、模糊综合评价等数据融合方法。

1) GIS 数据

地理信息系统(Geographic Information System,GIS)数据是从水库及影响区尺度和工程尺度描绘影响区域及工程地理位置、地形地势及下垫面特征的主要数据。GIS 数据还包括影响区域土壤分布、河道建筑物、经济社会等,这些信息对构建数字孪生工程具有重要意义,对具体工程而言其范围和粒度要根据工程运行影响因素及其安全风险等特点确定。GIS 数据与水利业务密切相关,具体表现在如下几个方面:水文方面,构建集流域地理数据库、测报数据库和数据共享发布系统于一体的坝区水文信息系统;雨情水情方面,与遥感技术结合,模拟大坝所在地区降雨与产汇流关系,研究目的是快速、准确地计算坝前水位和下泄水量;防汛方面,结合三维仿真和二维地理信息系统,仿真模拟洪水的演进,并执行风险和不确定性分析;水资源管理方面,GIS系统可以更好地引导水资源的管理和决策制定,所以将其用于评价地表水、地下水和总水资源的水量与水质,或日常储水量的管理;旱涝灾情方面,必须参考水库位供水受益区气象部门气象数据云平台。如水库在市区则需在防汛城灾要求下建立城市三维场景下暴雨积涝模拟分析业务系统,研究模拟城市尺度下的暴雨积涝灾害;地下水资源利用方面,与地下水系统的数值模型结合,对地下水可用量、水质情况进行评价;城市水资源管理方面,应用GIS技术可监测城市用水安全,还可以进行城市流域研究、城市配水系统的模拟和自动生成,若结合遥感影像,则可以评估出种植区可供灌溉的水资源情况;地下水资源的管理方面,结合专业模型的支持,研究开发地下水地理信息系统,也可以对地下水在未来的开发前景进行评估;水污染方面,可将SD(System Dynamics,系统动力学)方法与GIS方法相结合,根据需要建立水污染与控制系统模型,模拟在该区域下不同调控策略对库区及影响区域环境质量的影响;水库下游河道堤防管理方面,应用基于ArcGIS软件构建的地理信息系统,可以实现对监测点的动态管理。

水库地理信息服务平台包含的资源种类形式多样,需要依据数据属性的相同或相异性,地理要素间的空间关系以及逻辑层级关系,基于科学性、系统性、可扩延性、兼容性、综合实用性的原则为其建立分类体系。同时为数据资源设置编码,能够标识出资源的唯一性并包含父级分类标识,从而描述资源间的隶属关系。水利地理信息服务平台数据资源按照应用类型可分为功能资源、基础地理数据资源、水利地理数据资源、属性数据资源、平台管理数据资源五大类。

2) BIM数据

碾压混凝土大坝及附属工程数字化可以借助建筑信息模型(Building Information Modeling,BIM)技术实现,目前BIM技术已成为构建数字孪生水利工程以及建设和运行管理智慧化模拟的基础,行业正在加快推进BIM技术在水利工程全生命周期的应用。

BIM技术提供水利工程的外观几何尺寸信息以及在不同阶段、不同应用场景下给予模型不同的属性数据信息,是水工程孪生环境搭建的基础。

在水利工程前期规划设计阶段,推进实施基于BIM技术的方案比选、计算分析模拟,实现正向设计的设计新模式,拓展数字化交付,提升设计产品的质量与效率。

在水利工程建设阶段,同步建设数字孪生工程,建立基于GIS+BIM技术并包含建设管理和运行管理的水利工程全生命周期管理平台,建设单位可依托该平台,进行工程进度、质量、安全、投资及其他相关的管理工作,施工单位可依托基于 BIM 技术的建设管理平台,进行施工组织优化和模拟,实现施工过程的可视化模拟和施工方案的持续优化。

在工程运行阶段,依托基于 BIM 技术的运行管理平台,实现工程运行调度可视化孪生仿真模拟,支撑工程设备预测性维护、工程运行安全预警,强化突发应急处理能力,逐步实现水情监测有预报、工程异常有预警、调度管理有预演、突发应急有预案。

建立 BIM 的常用工具包括 3D MAX、CityEngine、SolidWorks、SketchUp 和 Revit,每个工具都有自己的特点,针对碾压混凝土坝渗流机制为核心的 BIM 需要根据特点和适用性来选择工具或将不同的工具进行组合使用。下面以 Revit 和 3D MAX 为例子进行说明。

虽然 Revit 和 3D MAX 都是 3D 建模软件,但是他们针对的任务和应用场景是不同的。3D MAX 曾被老一代的建筑师用来建模,由于其功能有限,特别是特殊建模的处理能力不足,其建模能力逐渐被人们遗忘。但是,3D MAX 在渲染方面有很大优势,比如模型的光敏性、速度和稳定性,明显优于国内其他渲染软件,因此更多地是作为处理模型的后期渲染工具来使用。Revit 软件可以从项目的设计阶段就开始介入,从设计-施工-运维阶段获取数据并建立相应的 BIM,实现过程的输出、效果显示和可视化。对于项目中涉及到的所有各方来说,要看到一个"可见的、有形的"模型,可视化只是增加的价值,而不是关键的价值。对于以渗透破坏为主要安全风险的碾压混凝土坝而言,对渗透破坏过程精细化呈现才是 BIM 的核心。

Revit 通过数据收集、集成和处理来建立 BIM,不仅可以得到施工图纸细节,也可以产生三维可视化数据模型,并且可以结合 BIM 相关额外的分析软件,如阳光、能耗和绿色建筑分析、结构计算,也可以在不同专业模型之间进行碰撞检查,大大提高了工作效率,降低了返工率,节约了成本。在这方面,3D MAX 可以说是遥不可及的,除了模型的酷炫 3D 效果显示之外,在表达方面还比较有限,在数据处理方面也很欠缺。

Revit 软件可用于监测感知系统,如大坝安全监测项目的建筑、结构和设备的协同设计,建模结果可以产生精确的施工图,指导施工,设计过程和设计结果可以可视化。而 3D MAX 通常用于模具 CAD 设计结果,或导入信息模型进行可视化操作。不可能完成建筑、构筑物和设备的协同设计,也不可能通过模型直接获得符合标准的施工图。

为此本章建议先用 Revit 软件建模,再用 3D MAX 进行渲染。第一种方式是直接从外部把 rvt 格式的文件直接导入到 3D MAX 中。通过这种方式导入的模型可以直接编辑，不管是删除还是直接编辑它的形状都可以，而且还可以赋予材质。

第二种方式是首先把所有的 rvt 文件导出成 fbx 文件，然后再导入到 3D MAX 中，通过这种方式导入的文件同样也是可以编辑和赋予材质的。

第三种方式是采用 Revit 中的工作流来把 rvt 文件导入到 3D MAX 中，采用这种方式的前提是 Revit 与 3D MAX 必须是同一个版本，这种方式不需要打开 3D MAX，只需要在 Revit 中直接点击工作流，但是这种方式有一定的局限性，那就是导入的文件的图形是不可编辑的，即 3D MAX 立面的形状编辑工具对该图形没用，但是仍然可以赋予材质。

第四种方式就是使用 Revit 中的链接功能，但使用该方法需要知道，链接进 rvt 文件的图形其底层属性是不可以编辑的，同样在 3D MAX 中也提供了直接链接 rvt 文件的功能，链接的模型文件中的图形也是无法编辑的，但是和第三种方式差不多，也可以赋予材质、修改光域网。

3）基础信息数据

尽管只是对单座碾压混凝土坝建立数学孪生模型，但其涉及数据种类很多，充分利用基础信息数据可以减少数据收集工作量，显著提高工作效率。基础信息数据主要包括以下几方面：

① 基础信息数据库。以最近和最权威的，如近年的全国水利普查数据、水资源公报数据、泥沙公报数据等为基础，将普查形成的各类基础数据资源，包括：水利工程本身、相关河湖开发治理与保护、水土流失及治理、区域经济社会用水、水利行业发展和机构能力建设等普查成果的属性数据和空间数据，以及待建立数字孪生水库的水利工程数据库、水利空间数据库等基础数据，按照统一的标准规范，纳入到基础信息数据库统一管理。

② 水利业务工作数据库。以满足各项业务应用系统开发为目标，对水利电子政务、防汛抗旱、水资源、水利工程安全运行、水事违法案例、农村水利、水土保持、河道、农村水电站、滩涂围垦等各个业务工作中的数据实行统一管理，建立水利业务工作数据库。

③ 实时水信息数据库。实时水信息数据库的数据主要通过实时监测系统采集，内容包括水情、雨情、水量、水质、工程监视图像、大坝安全检测、台风、云图等数据。水情、雨情、水质数据由水文自动测报系统采集，并实时传输到省数据中心；工程监视图像和大坝安全监测信息由各工程管理单位负责采集，并通过网络汇集到省数据中心实现共享；实时台风数据及预报信息通过互联网获取，市、县可通过网络共享；实时气象云图由省厅通过云图接收机实时获取，市、县可通

过网络共享。

④ 水利文献数据库。水利文献数据库包括水利标准规范全文、水利期刊全文、水利电子图书全文、水利政策法规全文、水利工程档案、水政年报等内容。除了水利期刊全文、水利电子图书全文是通过购买相应的文献服务来获得,其他的文献数据由人工录入。

4) 工程安全监测数据

以工程安全运行为目标的数字孪生平台建设,工程安全监测数据是核心数据,要求其具有精确性、及时性、同步性和有效覆盖性。

(1) 变形监测

变形监测数据是掌握大坝与地基变形的空间分布特征和随时间变化的规律,监控有害变形及裂缝等的发展趋势的依据。变形监测数据一般可分为表面变形监测数据和内部变形监测数据两大类,其中表面变形监测数据包括水平位移、垂直位移;碾压混凝土坝内部变形监测数据包括挠度、接缝开合度等。

位移监测数据的精度主要考虑测点变形幅度和位移控制值两方面因素,位移控制值包括变化速率控制值和累计变化量控制值。位移监测的精度首先要根据控制值的大小来确定,特别是要满足速率控制值或在不同工况条件下按各阶段分别进行控制的要求。监测精度确定的原则是:监测控制值越小,要求的监测精度越高,同时还要考虑时间序列重构及被监测部位失效风险大小对监测精度的要求。

(2) 渗流监测

渗流监测数据反映了工程在上下游水位、降雨、温度等环境量作用下的渗流规律及检验防渗结构实际效能及自身工作状态。渗流监测的主要项目包括渗透压力和渗流量。必要时,还需配合进行水温和水质分析等监测数据。

渗流监测各项目、各测点应结合分析,并同时观测水利工程上下游水位、降雨量和大气温度等环境因素。已建工程在进行渗流监测数据分析时,应重点关注对工程渗流安全有重要影响的数据,如岸墙和翼墙底部结合部分的数据。

工程渗流监测部位应符合其工程特性与需求,如除坝基扬压力监测外,还应根据碾压混凝土坝的结构型式、工程规模、坝基轮廓线、地质条件、渗流控制措施等进行布置,如常态混凝土与 RCC 结合部、施工间歇层间缝等部位的监测。

(3) 应力应变及温度监测

应力应变及温度监测数据包括钢筋应力、土压力、锚索(锚杆)应力、混凝土温度、混凝土应力应变等数据。对重要的钢筋混凝土结构进行钢筋应力监测需要结合钢筋附近混凝土应力应变监测数据进行,以便更准确地得到结论。

应力应变及温度监测的布置应和变形、渗流监测相结合,测点布设应根据混凝土坝及支撑工程结构特点、应力状态、分层分块施工情况以及数值模拟和模型试验成果进行合理布置,以更好地反映结构的应力分布特征。温度测点的布置应考虑大坝结构特点、施工方法以及温度场的分布规律,在温度梯度较大的面板及孔口处附近应适当加密测点。

(4) 环境量监测

环境量监测数据是了解环境量的变化规律及对碾压混凝土坝变形、渗流和应力应变等的影响的基础。环境量监测内容包括水位、气温、降水量等。环境量监测应严格按《水位观测标准》(GB/T 50138—2010)、《降水量观测规范》(SL 21—2015)等环境量监测相关标准规范内容执行。

(5) 专项监测

对于带大规模泄流设施及含土坝的混合坝型的碾压混凝土坝应有针对性地设置专门性监测项目,及时全面获取水力学、施工环境安全监测和生物危害监测等监测数据。

水力学监测包括水流流态、水面线(水位)、波浪、冻水压强、水流流速、流量、消能(率)、冲刷(淤)变化、通气量、掺气浓度、空化噪声、过流面磨蚀等监测项目;生物危害监测应根据水利工程类型及生物危害种类(如白蚁、老鼠、蛇等)开展相应监测项目。

9.2.1.2 数据底板构建

资源数据库是运用信息化手段,按照"统一规划、统一标准、统一管理、资源共享"的要求,集成覆盖碾压混凝土坝区域的多尺度、多数据源、多分辨率、多时态基础测绘成果,打造成"横向到边、纵向到底"的"资源统一数据底板",广泛应用于水工程运行维护、安全鉴定、除险加固等方面。全域数字化现状数据是工程管理的重要基础,通过耦合基础地理信息、水利普查、部门专业现状、新型开放数据、统计信息等,为实现"多规合一"构建水工程空间规划体系,以及自然资源管理提供统一的数据底板。数据底板建设需要明确全域数字化现状,对数据内涵、数据要素构成、数据可获取情况进行解析,结合当前发展阶段,剖析自然资源管理框架下全域数字化现状数据建设面临的新形势,并从工作组织、目标定位、工作步骤、建设路径、制度保障等方面指出全域数字化现状数据建设实施要点。

在严格参照与遵循国家、地方、行业相关规范和标准的基础上,根据水利工程的信息标准要求,采用科学的理论和方法,结合实际情况,制定适用的、开放的、先进的技术规程,主要包括以下几方面的内容:

1）底板数据工作规范

包括数据汇交规范、数据生产规范、数据建库规范、数据评价规范、数据信息规范、数据管理办法、数据共享服务规范、应用服务类数据规范。

2）底板数据库架构设计

以完善数据库总体内容框架构成、扩展数据库数据图层标准为目标，搭建底板数据库架构，具体包括数据架构设计、数据库资源体系设计、数据入库保障技术三个方面。通过以上设计和技术支持，完成底板数据库的架构设计，为后续空间规划本底数据建库提供支持。

3）水工程管理底图数据库建设

与分阶段建设目标相对应，底图数据库建设主要由三部分构成，分别为编制底图数据体系梳理、底板数据体系建立及详细规划数据底板体系建立。

每一个阶段都有相对应的数据的组织及标准，具体是对数据类型、空间数据构成及空间数据结构等形成不同的要求，以便于数据的管理。

(1) 水工程管理底图数据体系梳理

水工程管理底图数据体系梳理，面向总体的水工程管理基础底图工作要求，具体包括现状一张底图和规划一张底图。

(2) 统一标准现状底图框架

建立现状一张底图动态标准体系和结构化框架，将空间规划相关现状数据资源统一汇总并重新组织，明晰标准在框架内的层次、类型，以及与其他空间规划现状数据的相互关系。

(3) 基础地理信息一张图

汇总地球表面测量控制点、水系、居民地及设施、交通、管线、境界与政区、地貌、植被与土质、地籍、地名等有关自然和社会要素的位置、形态和属性等信息，建立基础地理信息一张图。

(4) 三调成果一张图

以最新"三调"数据成果为基础，提供统一坐标、统一精度、统一用地分类、统一地物细分标准的水工程管理基础底图。

(5) 统一权属一张图

通过建立统一权属数据库，整合土地资源、森林资源、水资源、草原资源、矿产资源等自然资源权属和土地、房屋、探矿权、采矿权等不动产信息，形成统一权属一张图。

(6) 总体规划汇总一张图

梳理已有总体规划成果，汇总并整合土地利用总体规划及全市各县总体规划,明确已有的各类在国土空间上规划的土地指标、设施布局、交通情况等引导及规划约束,并将其数据进行数据整合和治理,形成一张图整体管理数据。

(7) 详细专项空间管控线一张图

汇总整合净空域、轨道交通防护管控区、微波通道、风道、生态走廊等专项规划,并研究上述专项中对空间管控的要求,形成详细专项空间管控线一张图。

4) 空间规划底板数据体系建立

空间规划底板数据体系的建立,具体包括总体空间规划底图数据整合、双评价底板数据整合、监测预警底板数据整合及建立空间指标传导框架等。其中:双评价底板数据整合从双评价的指标体系要求出发,梳理双评价工作需要的数据集合,包括三调成果、DEM 成果、遥感影像数据、市土壤数据、水资源调查成果、库水河道水深数据、大气环境资源、水质检测数据、多年平均降水量及风速、气象灾害数据等。建立评价模型、评价流程方法,形成单项评价专题数据及综合评价专题数据,最终汇总建立双评价专题数据库,为三区三线的划定提供真实全面的数据支持。

5) 监测预警底板数据整合

从监测预警的指标体系要求出发,梳理监测评估预警工作需要的数据集合,并形成监测专题数据库、预警专题数据库。对安全、创新、协调、绿色、开放、宜居等主要空间评价维度进行单要素评估、综合评估,形成专项评估值,并进行时序跟踪对比。对红线突破、环境质量底线、粮食安全、名录管理、资源利用上限五大类预警指标进行数据整合,构建监测预警数据模型实时汇总指标数据,对红线突破防汛抗旱、水资源、工程安全和生产安全等重要底线进行实时预警。

6) 详细规划数据底板体系建立

详细规划数据底板体系建立,主要包括空间规划现状数据整合、各类规划数据整合、审批管理数据整合。

空间规划现状数据整合以数据汇总、统一字段、统一坐标系、接边融合、建立标准分幅、属性项补充等为主。现状数据具体包括多比例尺地形整合一张图、地下空间一张图、综合管网一张图、地质勘探一张图等,对应形成 1∶500、1∶2 000 两套比例尺的全域地形全要素成果库、全域地下空间一张图成果库、全市地质勘探成果库、全域空间规划体系分区单元成果库。

各类规划数据整合内容以数据汇总、分类提取、建立层级关系、统一字段、统一坐标系、属性项补充、数据接边等为主。规划数据具体包括空间规划体系分区单元图、控制性详细空间规划一张图、专项规划汇总编目、建设管控线一张图等,对应形成全域空间规划体系分区单元成果库、全域控制性详细空间规划成果库、全域专项规划成果库、全域四线汇总成果库及更新管理机制。

审批管理数据整合具体包括防汛物质调度一张图、安全监测设施一张图、用地建设一张图、确权划界一张图。另外,从水工程运行管理等业务环节汇总土地管理及规划管理信息,通过空间唯一性及时间序列梳理各业务的关联及前后顺序,建立项目全生命周期的数据关联关系。

7) 一张图工作底图数据管理机制

空间规划数据底板治理需要配套一系列管制机制,覆盖一张图工作底图数据的汇交、检查、更新、发布等环节,形成完整的数据管理闭环。

(1) 数据标准管理机制

严格参考国家、行业相关标准要求,建立集中、规范统一的数据标准体系,对水工程数据资源目录体系进行统一编码,对各类元数据进行规范化定义。建立数据标准管理机制,是保障信息化建设可持续运营的前提条件。

(2) 数据目录管理机制

为保障水工程数据融合工作的顺利完成,需围绕当前水工程数据融合工作的总体任务,以及后续持续化优化资源目录体系的要求,建立数据目录管理机制。具体包括目录编制要求及元数据编制要求。

(3) 数据责任管理机制

为保障水工程数据体系能落地,应明确各类数据资源的数据生产单位、源数据主管单位、数据应用单位的使用管理职责,对数据的提交、收集、入库、更新、存储、备份、发布等工作进行定岗定责,以保障数据的安全保密性、一致性、时效性、完整性、权威性等。

(4) 数据汇交和共享机制

编制信息资源目录、数据共享交换标准和数据更新管理办法,对涉及的市、区、县等各科室数据的收集、共享、交换、更新情况进行监督考核,以保障数据的一致性、权威性,支撑数据资源有序开放和共享。

(5) 数据评价和反馈机制

以水工程数据的责权为导向,从数据生产、数据应用及数据管理角度,建立数据管理评价标准、数据汇交目录及数据反馈机制,以保障数据的时效性、准确性及实用性等,保证数据库对业务管理的数据服务与决策支持。

(6) 数据安全管理机制

为保障数据融合的过程中不出现数据泄露、丢失等问题,应建立数据保密制度、数据备份制度及硬件安全保障措施来保障数据的安全。

(7) 数据运营机制

建立可持续运营的水工程数据运营机制,明确水工程数据在不同自然资源业务下的应用与管理的差异,明确各数据应用角色的数据应用权限与管理权限,确定数据日常运行与维护的工作方式、工作流程,保证数据库的安全与稳定。

8)"知库"平台

在完成数据及指标体系的建立及管理后,通过"知库"平台的支持,能以知识管理的理念创建及管理多个数据模型,利用"知库"的一系列工具实现数据模型的灵活定制、便捷应用和动态更新维护,对各类分散信息进行关键抽取与规则化统计,以专题知识的方式提供给"双评价"、规划实施监测评估预警等实际业务应用场景来参考及运用。同时建立起一套完备的数据运行管理机制,实现对数据体系的持续更新维护。

面向水工程管理的数据底板治理,利用"知库"可实现对底板数据库的持续更新维护,同时逐步精细化各类数据的可信度评价,为未来水工程管理提供可靠精确的数据支持。

9.2.2 模型分类及建模技术选择

9.2.2.1 可视化模型

可视化模型支持技术包括虚拟现实(VR)、增强现实(AR)、混合现实(MR)技术,在碾压混凝土坝一体化平台构建过程中,应根据不同的需要和实际应用条件加以选择,必要时还需采用不同的组合,结合人机交互技术实现更高效、更直观、更保真的三维动态可视化。

1. VR 技术

以广西某大型水利枢纽工程建设项目的 VR 技术应用为例。该项目基于 Krpano 引擎和 GIS 技术,采用 PHP 语言和 MySQL 数据库,开发了一套完整的全景管理系统,实现了水利枢纽工程全景数据的制作、管理和入库等功能,方便用户在生产全景产品的同时,对该区域工程建设的监督任务提供数据和技术支撑,并形成良好的宣传作用。

该水利枢纽无人机 VR 全景展示系统是基于 Krpano 引擎技术的二次开发产品,在基础全景制图上实现了全景数据管理、全景发布以及全景分布的功能,有助于全景项目高效管理,提升了用户体验。之所以选择 Krpano 引擎来开发全景系统,不仅在于其可拓展性,还在于它能支持最常见的浏览器和设备,且能很好兼容多种系统和浏览器版本。Krpano 内置的图像生成算法以及视图渲染算法,能够较好地提高切片后的相片质量,以高细节和高清晰度呈现图像。除此外,该工具支持无缝的 VR 切换功能,不需要额外的插件或软件支持。

Krpano 引擎在该系统中的主要作用是实现图像的切片,生成不同尺度不同角度的全景切片数据,然后依托 web 前端技术,实现数据的 360 度全景浏览。虽然目前已出现了较多基于 Krpano 的全景系统,但是本系统的构建思路和方法仍然存在差异之处,例如采用无人机获取全景数据、采用 fileinput 插件上传文件、不同的图像切片和入库标准等。

1) 系统框架设计

全景展示系统采用浏览器/服务器模式进行系统架构设计,该架构开放式的特点可以支持系统在多种设备上运行,有利于满足本系统对多客户端的需求。系统开发采用的后端支持语言为 PHP,其在开源性、跨平台性、运行效率、数据库连接、安全性等方面的优势成为本次系统建设语言选择的考虑因素,与此对应的 MySQL 数据库成为本系统数据库管理工具。

该系统主要包含 4 个功能模块:①全景管理,将用户发布的全景作品进行统一管理,便于后期全景资料的管理和查阅,并能根据需求创建自己的管理图册;②全景编辑,对生成的全景作品进行基础信息、子全景、场景热点、辅助功能等相关信息的修改,并生成访问地址和二维码以供用户使用和分享;③素材管理,对上传到服务器的数据,如全景图、普通图片、音频、视频等基础数据的管理;④全景发布,通过本地上传的数据或素材库里的数据,发布生成全景作品。

2) 模块功能设计

(1) 全景管理

有了无人机的支持,项目中数据获取必然简单快速,但是对创建的大量全景数据进行管理是本系统必须要解决的问题。系统中设计的全景管理模块就是让用户能根据需求创建自己的存储模式,从而达到全景数据管理的目的。

(2) 全景编辑

系统提供全景作品编辑的功能,允许用户编制具有独特风格的全景浏览作品。该模块设计了 5 个功能区:基本信息编辑、子全景编辑、场景热点编辑、辅助功能编辑、使用与分享,每个功能区实现不同的编辑作用,以完成全景作品中每个场景的定制效果。

① 基础信息编辑。作品基础信息包括作品的标题、封面、文字介绍、拍摄时间地点等,用户可以随时修改全景作品的基础信息内容,给全景作品添加文字修饰,让浏览者有渠道可以了解该作品的相关信息。

② 子全景编辑。子全景编辑指的是对已发布的全景作品中各个全景图片的添加和移除,该功能实现方式类似全景发布模块的选择素材数据进行全景作

品创建的功能。设计该功能的目的是让用户可以在发布完某个全景作品后，能够通过添加素材库里的全景图片来补充遗漏的全景图，亦或是通过删除功能移除不适合该作品的全景图片，从而达到全景作品随意增添场景的能力。

③ 场景热点编辑。场景热点编辑部分包含场景视角、热点、分组、沙盘、特效、视频贴片等功能模块。其中场景视角提供初始视角、视域范围和垂直视角3个场景视角的设置。场景热点分别为全景切换、超级链接、图片、文字、语音、图文、视频热点，该功能可以实现场景中各热点的添加和删除、内容编辑。这些功能都是通过调用预先配置好的全景 XML 文件中相应功能函数，再根据前端输入内容同步修改全景查看器中的配置信息，以实现各个场景效果的修改。场景分组是指将同一全景作品中的不同场景分组归类，便于直观展示各个场景之间的从属关系。而在场景沙盘功能中，用户可以根据各场景的位置在区域平面图上添加对应点位，使得全景作品全局效果一目了然。场景特效，顾名思义可以帮助用户给全景作品添加天气效果，如雨、雪、阳光等。视频贴片则是将具有辅助效果的视频放置到对应场景的某个位置，给该位置点增加视频介绍，该视频会随着场景的变动而移动。

除此之外，场景导览功能可以为相关工程项目的宣传提供辅助作用，用户设置好预定义的全景观赏路线后，搭配上 VR 眼镜，观众就可以通过一键导览实现全景自动浏览，体验虚拟现实身临其境的效果。

④ 辅助功能编辑。为了更好地设计和管理全景作品，系统添加了一些小型辅助工具，如添加背景音乐或语音解说、添加项目足迹、增加底部菜单栏等。下面以添加足迹为例，简单介绍该功能的实现流程。足迹功能采用的地理信息技术是腾讯地图。基于腾讯地图等接口，创建了 Location 对象，该对象包含切换地图、添加标记点、地理位置搜索定位、点击获取鼠标位置点信息等功能。系统前端通过调用该对象可以实现全景作品的地理位置添加。与此同时，全景分布模块根据各个全景作品的位置信息，将其标注在地图上，于是用户可以直观地看到所有项目的全景产品地理位置分布状况，利于对各个全景项目有一个清晰的地理认知。

⑤ 使用与分享。该部分使用的关键技术是二维码创建功能，系统采用 PHP 类库中的 PHP QR Code 接口生成可供微信识别的二维码，便于用户快速分享创建的全景作品，利于项目宣传。PHP QR Code 是一个基于 libqrencode C 库的开源 PHP 二维码生成类库，提供用于创建二维码条形码图像的 API，从而可以轻松生成包含相应内容的二维码。

（3）素材管理

素材管理模块包含对全景素材、普通图片、音频和视频的管理，其管理方式类似于全景管理模块对全景作品的管理，用户可以根据需要将素材分层管理，且能依据作品名快速查找相应素材。

(4) 全景发布

全景发布模块是整个系统的关键部分，是全景作品的生产工厂。该模块的实现离不开 Krpano 引擎的支撑，它能帮助系统实现全景图片的切片。本系统的全景发布流程简述如下：首先，用户上传全景图片到服务器后，系统通过 PHP 后台程序调用 Krpano 引擎将图片进行切片处理，从而生成全景作品所需的多视角多尺度的工程切片数据，并且存储到对应项目的数据库表中，这一流程实现了全景作品基础数据的获取；其次，基于预设的全景配置信息生成初始化的全景作品，并创建作品的唯一 URL 和开放该地址的任意用户访问权限，至此一个完整的全景作品生产成功；最后，前端通过 Krpano 查看器让用户能在浏览器上自由观赏该作品。全景视频的发布过程基本同于全景图，差异之处在于全景视频不需要通过 Krpano 进行切片处理，系统直接将视频嵌入到 Krpano 查看器中，就可以通过前端实现视频的 360 度浏览效果。

2. AR 技术

AR 技术可以根据相关设计图纸及现场实际情况，通过 3D MAX 及 Maya 对虚拟场景进行三维建模、渲染并制作部分特效；在 Unity3D 平台进行虚拟场景渲染及交互设计；利用 Vuforia 和 ARCore 开发工具，实现根据标识物的位置显示对应增强现实场景、叠加虚拟信息、音频讲解、视频播放等人机虚拟交互功能。

1) 3D MAX 及 Maya 技术

3D MAX 全称为 3D Studio MAX，是 Discreet 公司开发的（后与 Autodesk 公司合并）基于 PC 系统的三维模型建立、动画设计及效果渲染软件，广泛用于游戏、影视、机械、建筑等领域。3D MAX 是一种多边形对象建模方式，建模方式灵活，操作界面友好，可以创建大型三维模型，且模型修改简便；软件对系统配置要求不高，兼容性强，可通过其他插件实现更多功能，也可与高级渲染器进行连接，提升模型及动画效果，因此它成为建筑、水利及相关行业最为常用的建模及动画制作工具之一。

Maya 是 Autodesk 公司出品的三维动画软件，集成了 Alias、Wavefront 最先进的动画及数字效果技术。相比于 3D MAX，Maya 的基础层次更高，功能更强大，动画效果更细腻、真实且使用更灵活，但其插件及模板较少，更多参数需要自己设定，因此使用起来稍显复杂。在国内，Maya 较多应用于电影特效、3D 游戏、广告宣传、网页制作等方面。

3D MAX 及 Maya 技术均可输出 Unity 支持的模型格式,且具有场景逼真、特效优异等特点,因此选用这两个软件对水利枢纽大坝、鱼道、电站、泵站进行建模、贴图及制作部分动画和特效。

2) Unity3D 技术

Unity3D 是由 Unity Technologies 公司开发的专业虚拟现实引擎,是一个可创建三维游戏视频、建筑可视化、实时三维动画等交互内容的综合型开发平台,具有跨平台性良好、开发环境简单易学、资源导入便捷、兼容众多软件开发工具包(SDK)、综合剪辑和图像处理功能强大等优势,现被广泛应用于虚拟现实研究及三维游戏开发等领域。

Unity3D 的编辑器可在 Windows、Linux 及 Mac OS X 系统下运行,可发布产品至 Windows、Linux、Mac OS X、IOS、Android、Web browsers、PlayStation 3、Xbox One、Xbox360、Windows Phone 等多种主流平台,支持的编程语言主要为 C♯ 及 Java 等。选用 Unity3D 平台作为水利枢纽 AR 软件的开发平台,配合 Vuforia 及 ARCore 等软件开发工具包(SDK),完成软件功能的开发,并发布在 Android 平台,开发过程中使用的编程语言为 C♯。

3) Vuforia 及 ARCore 技术

Vuforia 是高通公司的子公司针对移动设备 AR 应用开发的软件开发工具包(SDK),2015 年被物联网软件开发商 PTC 收购,因其优异的性能和开源免费使用,成为最受欢迎的 AR 应用软件开发工具包之一。Vuforia 提供的主要模块有 Application Code(应用程序代码)、Cloud Databases(云数据库)、Device Databases(设备数据库)、Camera(摄像机)、Image Converter(图像转换器)、Tracker(追踪器)、Video Background Renderer(视频背景渲染器)、Word Targets(文本目标)、User Defined Targets(用户自定义目标)。

ARCore 是谷歌推出的用于搭建 AR 应用程序的免费软件开发工具包(SDK),主要用于 Android 平台 AR 应用软件开发。因其优秀的光源感知能力、环境感知能力、动作捕捉能力、区域学习功能而受到越来越多开发者的欢迎。

一般水利枢纽工程可选择 Vuforia 及 ARCore 两款主流软件开发工具包(SDK)来实现标识物特征点捕捉跟踪、虚拟模型与视频真实场景融合、根据环境光实时改变虚拟模型明暗阴影自适应、虚拟信息叠加(包括动画、音频、文字等)、漫游导览等功能。

3. MR 技术

MR 技术可应用于小流域山洪灾害防治,可结合该小流域实际,利用 MR 技术、场景融合等新技术手段,在 Hololens 应用平台中营造出信息融合的、交互式的三维动态视景的模拟环境,实现在 MR 中模拟演示山洪灾害暴发过程,并结合当地山洪灾害防御体系建设情况,模拟演示灾害发生过程中当地监测、预警、转移安置、抢险救灾等应急响应工作。让不同受众对象身临其境,防汛工作人员能进一步明确自身工作职责,以提高其责任意识和业务能力;普通群众能够深刻感受到山洪等自然灾害的突发性和巨大破坏性,提高自身防灾减灾意识和灾害避险能力,从而减少因山洪灾害造成的人员伤亡和财产损失。

1) 总体框架设计

通过 MR 系统把防灾减灾的现实环境构成虚拟场景,利用专业引擎与 GPU 互换数据,并通过 METAL、OpenGL ES2.0、OpenGL ES3.0 等接口动态渲染模拟光源,并将模型表面贴图虚拟真实化。系统总体框架图如图 9-1 所示。

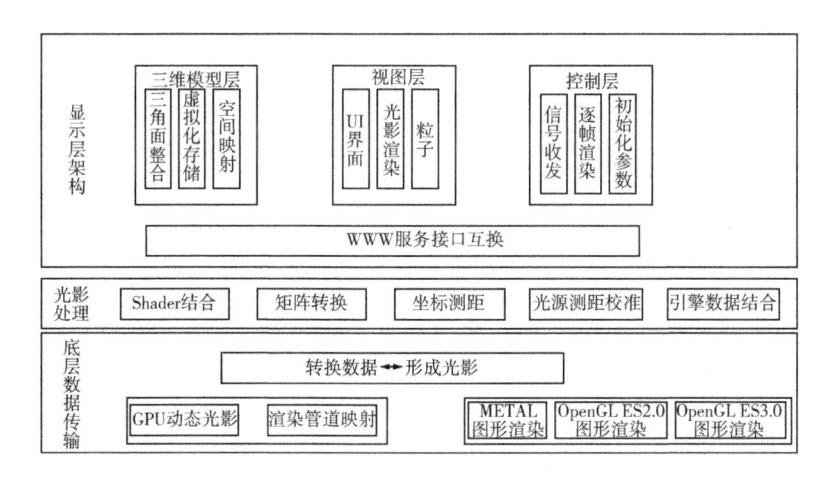

图 9-1 系统总体框架图

① GPU 动态光影底层技术。通过虚拟化平台的直通技术可以将显卡直接给虚拟机使用,与物理机接入显卡效果基本一致,只要安装了对应显卡的显示驱动,显卡就可以为这个虚拟机提供高性能的图形能力。GPU 虚拟化/共享能够将一个物理存在的显卡分享给多个虚拟机使用,每个虚拟机将获得更好性能的图形处理能力。还可以将虚拟机与次时代引擎相结合,对 RGB 值与 Alpha 值进行调整,形成动态光影(自然光)。

② 渲染管道映射。应用程序阶段 GPU 与内存相互交换数据,例如计算好的数据(顶点坐标、法向量、纹理坐标,纹理贴图)就会通过数据总线传递给图形硬件。

③ 几何节点。主要负责顶点坐标变换、光照、裁剪、投影以及映射,在该阶段的末端得到经过转换和投影之后的顶点坐标、RBG 值以及纹理坐标。几何阶

段主要工作就是"变换三维顶点坐标"和"光照计算"。

④ 光栅阶段。模型经过顶点转换，投射到二维平面，把屏幕中的每个像素点进行光栅化，并且指定每个像素点在屏幕当中所占用的位置，最终在屏幕中显示出图片或者三维图形。

⑤ 光影处理层。主要通过该层级将硬件光栅化提供的光源数据转换成引擎内部色彩数据，并且校准坐标系为引擎左手坐标系。

⑥ 显示层结构。控制层通过发送事件及信号，使引擎的逐帧处理函数得到运行与处理，并且将三维模型层中的模型进行本地序列化，把模型数据存放到硬盘中，起到优化作用。视图层中的所有内容都是每帧通过渲染器进行每秒90次渲染形成的UI及光影，还有粒子效果。

2）场景设定

（1）场景物件基础环境设计

场景物件基础环境包括影响区域村庄模型、附近水域模型和工程模型。三维的附近影响区域流域场景包含村庄、道路、农田、电力设施、通讯设备、基础设施、水利建筑物等，创建三维场景后可以演示整个下游影响区域被洪水冲毁的过程。三维的真实村庄模型场景涵盖植被、江河、游鱼等，创建三维场景之后可以用手指点击三维动图播放按钮，将演示整个水域泛滥灾害的三维动画过程。搭建的水利工程模型场景涵盖水坝、各种水利工程等，创建三维场景之后可以用手指点击三维动图播放按钮，将演示水利工程被冲毁的三维动画过程。

（2）业务场景设计

按照预先对水库影响区域及村庄的建模，生成适配的优化后的模型，并根据溃坝灾害调查评价成果，关联各影响区域内建筑、人口等信息。利用影视特效移植到引擎进行制作，用户带上MR设备可观察到暴雨场景，并且可输入降雨值或上游入库流量，观看模拟库水上涨直至漫顶溃坝过程。当入库洪量或库水位达到特定阈值时，MR中按事物发展的物理规律实景或混合现实、增强现实、虚拟现实地逐步显示的库水位升高过程，超标准下泄洪水发生，沿河集镇、自然村落等被洪水淹没，农田、道路桥梁、居民住宅等基础设施被冲毁，人民生命财产受到威胁，给当地带来了较为严重的灾害等场景。MR可以模拟当地山洪灾害防御体系的全过程，包含科普介绍、监测、预警、转移安置、灾害发生等几个方面。

科普介绍：通过三维动画＋语音播放相结合的方式，讲述如何认识溃坝灾害、后果危害、大坝失事征兆、灾害的自救方法和正确转移的方式方法等内容，让用户了解溃坝缺口灾害的相关基本知识。

监测：充分利用库区的自动雨量站、自动水位站数据以及水工程变形、渗流和应力应变等监测信息,结合多相多场多过程多机制耦合模型或数据同化方法模拟不同自变量发生变化时效应量发生的变化及其场景,让体验者体验到不同外界因素产生的不同后果及相应的可视化效果;模拟水情及其效应时,应结合堤防或水库的涨水现场图像、视频,让体验者体会涨水的过程及现场的险峻形势。

预警:当监测站点的水位、雨量或大坝效应量监测值达到对应的预警指标时,当地工程安全责任人在接到上级防汛抗旱指挥部发出的短信和电话预警通知后,立即启动工程安全防御预案,各级巡视人员迅速上岗开展工作,水库管理员和堤防巡查员对水库、堤防等重点防洪工程进行巡查。此时河道水位快速上涨,简易水位报警站和简易雨量报警器发出准备转移通知,村级防汛责任人采用手持喊话器或者无线预警广播提醒危险区群众做好山洪灾害防范措施。

转移安置:当水位达到准备转移水位时,防汛责任人使用手遥报警器、手持喊话器、无线预警广播、铜锣等预警设备通知危险区居民准备转移;随着水位上涨,简易水位报警站等设备发出立即转移预警,各片区防汛责任人迅速组织危险区居民转移。期间,一些居民收拾钱物,防汛责任人员强行将其转移;一些居民朝转移路线相反的方向转移,在防汛责任人员的纠正下按正确路线向安置点转移。MR可以模拟应急转移过程中出现的问题,突出当地防汛人员的职责。

(3)交互方式

长期以来,人们通过身体的运动与现实世界进行交互,在此过程中逐渐形成了一种交互信息的方式——手势交互。随着科技的发展,手势交互开始替代键盘、鼠标等传统交互方式,广泛应用于交互情景中,包括点击、操作虚拟物体以及与大屏幕的互动等,这种交互方式与MR技术十分契合。

水利工程MR系统以村庄、水域、水工建筑物为基础中心划分成了三个区域,点击某个区域将会出现对应的三维场景界面,界面有返回按钮、语音播放按钮、灾害三维动图播放按钮、防范自救知识按钮;通过手势点击三维模型,会显示不同区域的特效或灾难详细信息,包括雨量和水位变化,水位流势、流向、影响水位变化等其他因素。

根据工程重要程度,除常规鼠标、键盘等方式外,水利工程数字孪生人机交互可以采用动作、姿态、自然语言等交互方式,也可以结合MR特殊眼镜等设备进行交互。

9.2.2.2 工程安全分析与评价模型

堤防、水闸等水利工程在防洪、兴利、航运、生态等方面发挥着重要作用。工程安全是工程发挥效益的基础,历来是水利工程管理的重要内容之一。当前工程安全评价是根据评价导则,在分项分级的评价基础上通过综合评价得出的,评价过程及评价结论主要还是依赖专家经验。研究中常用的评价方法还包括模糊评价法、层次分析(AHP)法、灰色理论、风险理论、多层次模糊评价法等。利用灰色理论进行水利工程安全评价,是基于自身的理论,通过对信息进行灰类处理,包括灰类等级及白化权函数,其优点在于通过严谨的理论对数据进行分析计算。风险理论指基于风险分析、风险评估进行风险比较,该方法有自身相对严谨的研究体系。

其中多层次模糊评价法运用层次分析法计算权重的方式,相对科学客观,且计算简便,运用隶属度和评判矩阵的关系进行评价的方式也将人为因素和客观因素相结合。因此本研究采用多层次模糊评价法作为评价方法。

随着风险认知的深化,人们也更加关注工程及管理薄弱环节对工程安全的影响。碾压混凝土坝的脆弱度是指碾压混凝土坝基础要素受损或丧失对系统总体功能的危害程度,也反映系统功能对基础要素的依赖程度。分析认为,工程的脆弱度主要来自于工程结构、基础管理设施及管理制度三个方面,其中工程结构反映工程的健康状态,基础管理设施是应急管理的必备条件,管理制度是保障管理到位、机制运转、工程处于完整运行状态的基础,任何一方面都不可偏废,必须综合考虑。因此,可运用多层次模糊评判法,结合专家经验,对三个方面的缺陷影响作出合理判断,把握工程总体脆弱度。

1. 评价指标体系

1) 工程结构

工程结构主要涉及工程质量、运行管理、防洪能力、渗流安全、结构安全、金属结构、抗震安全等7个主要因素。对堤防与水闸来说,工程防洪能力主要涉及防洪标准、堤(闸)顶高程、过流能力;渗流安全主要包括渗透稳定性、抗渗措施;结构安全主要包括结构稳定性、防护设施安全性、消能设施安全性;抗震安全主要包括抗震标准、抗震稳定性、抗震措施等。

2) 基础管理设施

基础管理设施是指碾压混凝土坝日常管理与应急管理的基础设施,是保障工程安全、可靠、有效运转的基础。包括防汛交通、通信、工程安全防护设施、供电、办公设施、防汛备料与器材6个主要因素。防汛交通主要包括汛前检查、抢险道路、除险加固、在建工程度汛方案的编制、报备和措施落实情况;通信指防汛抢险时的应急无线通信,以及日常工程管理当中的通信设施是否完好;工程安全防护设施主要涉及预防事故设施、控制事故设施、减少与消除事故影响设施;供电主要包括电力供应和应急电源保障;办公设施主要包括日常工作中的必需品;防汛备料与器材、防汛仓库材料等。

3）管理制度

管理制度是碾压混凝土坝正常运转的基本条件，也是保障人员胜任岗位、发挥作用的重要制度。包括调度运行、养护维修、工程监测、应急措施、工程管理考核5个方面。调度运行主要涉及控运计划、蓄水管理、放水管理；养护维修主要涉及维修项目的实施，维修计划的制定和报批，工程养护的各类标准要求；工程监测主要涉及工程监测项目类别，数据的观测与整编；应急措施主要涉及应急预案、备用电源等；工程管理考核主要涉及管理守则考核、培训管理考核、安全检查考核等。

依据上述指标，建立碾压混凝土坝脆弱度评价指标体系。该体系由系统层、变量层和指标层组成，具体内容见图 9-2。

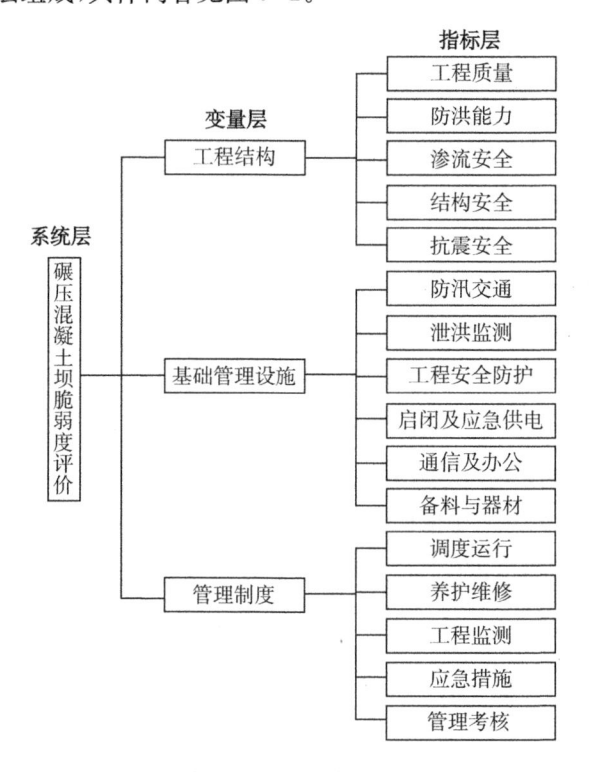

图 9-2 碾压混凝土坝脆弱度评价体系

2. 专家经验赋值

指标体系中有定性指标与定量指标，需要专家根据现场检查情况及资料阅读研究作出判断。为方便后续评价，将各因素状态按 0~10 的标度进行度量，相应状态分为5级。为方便应用，根据评价导则和工程经验，将评价体系中涉及的因素做了进一步的定性描述细化，因素状态分级的总原则见表 9-1。

表 9-1 评价因素分级及其定性定量描述

定性描述	定量描述	脆弱度
坝顶顶高满足要求;安全系数超标准规定值10%;工程未出现过安全性异常;基础管理设施完好,可靠度高;管理制度完善落实	0~2	极低
坝顶顶高满足要求;安全系数符合规范规定,但裕度低于10%;工程未出现过重大安全性异常;基础管理设施基本完好,可靠度较高;管理制度基本完善落实,工程可能出现局部破损但能及时修复	2~4	低
坝顶安全加高低于规范规定值,但加高在50%以上;安全系数较标准值低5%以内;工程存在明显质量缺陷,可能引发局部结构严重损坏,但能较快处置不致出现整体结构破坏;基础管理设施状态一般,存在破坏的可能;安全管理制度不完善或落实不到位,工程局部病害进一步发展	4~6	中
坝顶安全加高的范围为规范规定值的50%~基本无;安全系数较规范标准值低于5%~10%;工程存在严重质量缺陷或问题,可能出现严重事故引发整体结构破坏,难以及时处置;基础管理设施出现过破坏且有继续破坏的可能;安全管理制度落实不到位,工程病害未及时养护维修并可能加剧至威胁整体安全	6~8	高
坝顶无安全加高;安全系数较规范标准值低10%;工程存在极为严重的质量缺陷或问题,有明显破坏迹象且很可能导致整体破坏,无法及时处置;基础管理设施不可靠;安全管理制度不落实,导致工程处于破坏的可能	8~10	极高

3. 多层次模糊综合评价模型

1) 确定评价指标因素集

根据确定的指标体系划分,将因素集 U 按其属性作如下划分:

$$U_1 = \bigcup_{i=1}^{n} U_{2i}, U_{2i} = \bigcup_{j=1}^{n_j} U_{3ij} \tag{9-1}$$

式中: U_1 对应系统层评判因素集合; U_{2i} 对应变量层评判因素集合; U_{3ij} 对应指标层评判因素集合; i 表示变量层因子; j 表示指标层因子; n, n_j 分别对应变量层、指标层的同一层次下的的评判因素个数。

2) 建立评价集

根据影响因素等级划分,建立评价集为:

$$E = \{E_1, E_2, \cdots, E_m\} \tag{9-2}$$

式中: E 代表评价集合; E_t 表示评价集的第 t 个划分 ($t=1,2,\cdots,m$); m 由评价划分层级决定。

3) 建立评判矩阵

模糊评判矩阵 R 为因素集 U 到评价集 V 的一个模糊映射,对指标层的评价指标 U_{3ij} 进行专家打分评价,确定分值属于表9-1的具体评价区间,即确定 U_{3ij} 中各因素对应于 E_{ij} 的隶属度 r_{ij},根据所确定隶属度,可得到变量层的模糊评价

矩阵 R_i 为：

$$R_i = \begin{bmatrix} r_{11} & r_{12} & \cdots & r_{1m} \\ r_{21} & r_{22} & \cdots & r_{2m} \\ \cdots & \cdots & \cdots & \cdots \\ r_{nj1} & r_{nj2} & \cdots & r_{njm} \end{bmatrix} \quad (9\text{-}3)$$

式中：R_i 表示变量层的模糊评价矩阵；r_{njm} 为指标层指标对应评判矩阵的隶属度值。

4）确定指标权重

采用层次分析法（AHP）和主观赋权法对各个层指标权重进行计算，确定权重集 W。

5）评价变量层

对每个 U_{2i} 计算变量层模糊综合隶属度值集 B_i 得出变量层的评价结果为：

$$B_i = w_{2i} o R_i = \begin{bmatrix} w_{2i_{l1}} & w_{2i_{l2}} & \cdots & w_{2i_{n_j}} \end{bmatrix} o$$

$$\begin{bmatrix} r_{11} & r_{12} & \cdots & r_{1m} \\ r_{21} & r_{22} & \cdots & r_{2m} \\ \cdots & \cdots & \cdots & \cdots \\ r_{n_j1} & r_{n_j2} & \cdots & r_{n_jm} \end{bmatrix} = (b_{i1}, b_{i2}, \cdots b_{in}) \quad (9\text{-}4)$$

式中：B_i 为变量层隶属度值集；ω_{2i} 为变量层对应指标占系统层的权重集；o 为模糊算子；$\omega_{2i_{nj}}$ 为指标层对应指标占变量层的权重；b_{in} 为对应变量层隶属度值集下的隶属度值。

6）计算评价值集

对 U_1 计算模糊综合隶属度值集 B，得到最终的评价结果为：

$$B = \begin{bmatrix} w_1 \\ w_2 \\ w_3 \\ \vdots \\ w_i \end{bmatrix}^T o \begin{bmatrix} B_1 \\ B_2 \\ B_2 \\ \vdots \\ B_i \end{bmatrix} = \{b_1, b_2, \cdots, b_s\} \quad (9\text{-}5)$$

式中：B 为最终隶属度值集；w_i 为变量层相对于系统层的权重；s 表示隶属度值集 B 中含有的隶属度个数；b_s 表示隶属度值集 B 下的隶属度值。

由于碾压混凝土坝评价的特殊性,即单个因素可能影响到整个评价结果,因此对工程的最终评价需要进行4种模糊算子计算,并结合专家经验,选择最合适的评价结果。模糊算子通常有取小取大、相乘取大、取小相加、数乘相加4种运算方式:

$$\begin{cases} B = \bigvee_{i=1}^{n}(w_i \wedge B_i) \\ B = \bigvee_{i=1}^{n}(w_i \cdot B_i) \\ B = \sum_{i=1}^{n}(w_i \wedge B_i) \\ B = \sum_{i=1}^{n}(w_i \cdot B_i) \end{cases} \quad (9-6)$$

式中:各个算子分别定义为:

$$\begin{cases} w_i \wedge B_i = \min\{w_i, B_i\} \\ w_i \vee B_i = \max\{w_i, B_i\} \\ w_i \cdot B_i = w_i \times B_i \end{cases} \quad (9-7)$$

式中:∧为取小值;∨为取大值;·为实数乘法。

7) 选取评价结果

依据专家经验结合模糊算子计算结果,按隶属度最大原则,得到最终较为合适的评价结果。

9.2.2.3 工程安全监控模型

工程安全监控模型主要有逐步回归模型、灰色系统模型、相关向量机模型、组合模型以及BP神经网络融合模型等。

考虑到基于数据驱动模型往往存在最优化问题,一般可在模型参数求解时采用仿生算法,如人工蜂群算法-逐步回归分析的大坝变形监控模型,该模型以逐步回归原理为基础,利用数据相关性分析、多重共线性分析对模型数据进行分析处理,筛选出影响显著且符合回归模型的荷载变量集。灰色系统模型,建立针对无规律、小样本预测数据的大坝表面位移预测模型,采用累加和累减方法降低波动数据的随机性。粒子群算法-关联向量机模型(PSO-RVM),在稀疏贝叶斯学习的基础上,将极大似然估计、先验概率和后验分布估计等理论结合形成的一种监督型机器学习算法。用粒子群算法(PSO)针对RVM模型参数优化问题,与常规RVM模型相比,PSO-RVM模型能显著提高RVM模型的稀疏性和泛化性能,可以应用于大坝安全实测数据的建模和分析。但模型的通用性不高。组合模型,现行工程安全监控技术不能按实测信号中不同频段信号特征分别选取不同监测模型进行处理,影响了工程变形预测精度。利用小波包分解获取实测信号中的系统信号和随机信号的基础上,建立基于逐步回归和GDCS-SVM的大坝变形预测组合模型,GDCS-SVM预测效果优于CS-SVM,而所建组合模型预测精度高于单一监测模型,具有较强的泛化能力和较好的全局预测精度,可用于工程变形预测。人工神经网络作为一门新兴学科,具有自组织性、自适应性、联想能力、自学习能力,且具有极强的非线性映射能力,不需要用显式的表达式来明确表示输入和输出之间的函数关系,而是将知识分布式地存储于网络的连接权值和阈值上,从理论上讲可实现对任意函数的逼近,正好弥补了传统大坝安全监控模型的不足之处。

本研究选择BP神经网络融合模型。

①建立工程安全监控的BP神经网络融合模型。提高BP神经网络模型的拟合精度,利用模型误差补偿的思想,结合统计模型的经验性和BP神经网络模型强大的非线性映射能力,使用BP神经网络融合模型。

②建立工程安全监控的遗传神经网络融合模型。克服BP神经网络所具有的稳定性差、计算结果受初值影响大、易陷入局部极小等缺陷,将BP神经网络与遗传算法相结合。利用遗传算法的全局优化能力,对BP神经网络的网络权重和拓扑结构进行优化,从而建立大坝安全监控的遗传神经网络模型。

③建立工程安全评价的遗传神经网络模型。克服传统工程安全评价模型无法将网络的学习样本合理量化,且不能用原始大坝观测数据直接进行安全评价建模的缺陷,使用安全度值的概念及计算公式。结合主成分分析法和改进的层次分析法确定的各因子的权重,为神经网络的学习提供精确量化的样本。结合遗传神经网络,建立工程安全评价的遗传神经网络模型,直接利用工程原始观测数据进行建模。

另一方面,考虑到样本及其平稳性,为达到更好的建模型效果,更准确地对大坝等水工程安全进行预警,往往采用多模型方式进行建模,如全国大型水库大坝安全监测监督平台中提出的坝群通用监控模型和预警方法流程,参见图9-3。

9.2.3 知识梳理与知识库构建

9.2.3.1 水库调度运用规则

水库根据其承担的任务有不同的调度要求和规则,其中生态调度是在水库调度中考虑河流生态系统需求的一种调度手段,是维护河流生态健康的重要途

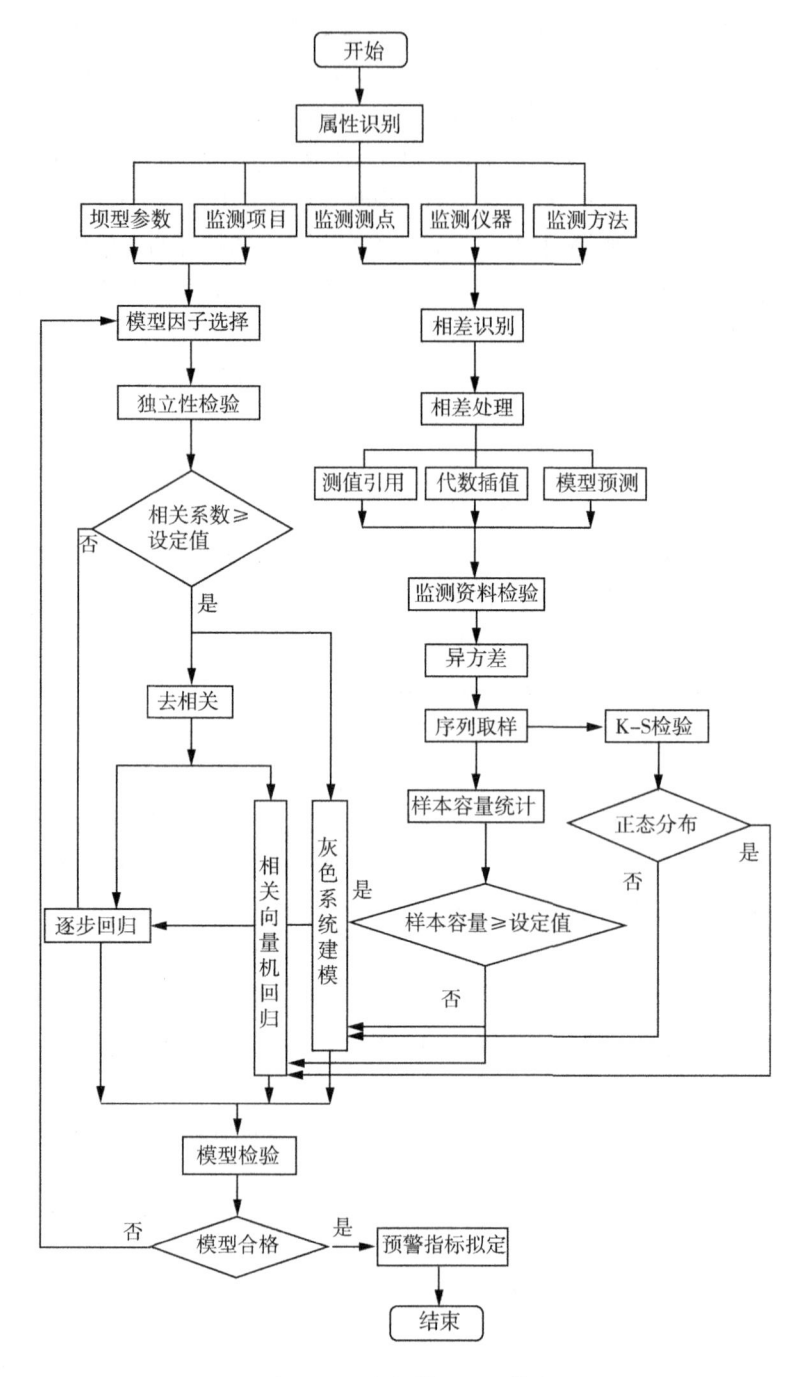

图 9-3 坝群通用监控模型和预警方法流程

径。水库生态调度中,通常将预设的生态需水过程作为水库调度模型的目标函数或约束条件。尽管生态需水的计算方法繁多,但得到的生态需水过程与天然水文情势间存在较大差异,常忽略天然水文情势的关键特征。随着水库对生态调度重视程度的不断提高,基于天然水文情势的水库调度规则包括建立刻画水文情势主要特征的评价指标体系、设计面向实时可利用水量的水库生态供水规则、建立和求解以模拟天然水文情势为目标的水库生态调度模型。

1. 水文情势评价

1) 天然水文情势的作用

水文情势是水库各水文特征随时间的变化情况,对库区生态系统的生物及非生物因素具有重要影响。水文情势不仅是影响工程安全的重要因素,还会影响水生生物的生活模式,通过特定的流量事件驱动生物洄游、繁殖等生命活动,且能够清除不适应本地水文情势的外来物种。同时,水文情势可以影响水质、地貌、底质等非生物因素,是水生生物栖息环境的主要决定因素。相关研究多采用流量、频率、发生时机、持续时间和变化率来反映水文情势的变化特征。

2) 水文情势评价指标设计

目前,已经形成了 IHA(Indicators of Hydrologic Alteration)、HHA(Hydrograph-based Hydrologic Alteration)等水文情势评价指标体系,但已有指标体系指标数量较多,直接应用于水库生态调度模型中求解难度大。本研究在 IHA 评价指标体系的基础上设计了 15 个评价指标(见表 9-2)。该指标体系突出了水文分期特征,将全年划分为涨水期、洪水期和枯水期 3 个时段,各时段内的关键流量事件分别为脉冲、洪水和极端小流量。水文分期体现了流量事件的发生时机,15 个指标刻画了流量、频率、持续时间和变化率。

表 9-2 水文情势评价指标体系

水文特征	指标名称	指标符号	指标作用
月均流量	涨水期平均流量、洪水期平均流量、枯水期平均流量	$F_1 \sim F_3$	反映流量的平均量级
极值流量	脉冲峰值流量、洪水峰值流量、极端小流量谷值流量	$F_4 \sim F_6$	反映流量事件的最大/最小量级
频率	涨水期脉冲频率、洪水期洪水频率、枯水期极端小流量频率	$F_7 \sim F_9$	反映流量事件发生的频繁程度
持续时间	脉冲持续时间、洪水持续时间、极端小流量持续时间	$F_{10} \sim F_{12}$	反映流量事件的平均持续时长
变化率	涨水期日流量变差系数、洪水期日流量变差系数、枯水期日流量变差系数	$F_{13} \sim F_{15}$	反映流量的变化程度

将天然状态作为水文情势最佳状态,用评价时段内的指标值除以天然状态下的指标值,然后进行归一化处理,使指标值的变化范围为 0~1,1 代表与天然状态相同,0 代表严重偏离天然状态。为了直观反映水文情势总体状态,通过模糊逻辑法对 15 个评价指标进行整合,生成变化范围为 0~100 的水文评分。将评分从小到大等分为 5 个等级,分别为差、较差、一般、较好和好。

3. 水库生态调度模型构建

1) 基于水文分期的水库生态供水规则

为了最大化水库生态供水能力,将每天的生态供水量设置为当前水库入流和水库水位的函数:

$$R_t = a_j(L_t - L_{tmin}) + b_j I_t \tag{9-8}$$

式中:R_t 为第 t 天的水库生态供水量,单位为亿 m³;L_t 为第 t 天的水库水位,单位为 m;L_{tmin} 为第 t 天的水库最低运用水位,单位为 m;I_t 为第 t 天的水库入流量,单位为亿 m³;a_j 与 b_j 为待优化的参数,为了降低计算的复杂程度,同时避免下泄流量的剧烈变动,将 1a 划分为 j 个时段,每个时段内 a_j 与 b_j 相同。

基于水文分期的水库生态调度规则见图 9-4。按照生态系统的水文节律和调度需求,将水文年划分为不同时段,分别设置不同的 a_j 与 b_j。以生态供水过程与天然水文情势间的差别最小为目标,优化 a_j 与 b_j。

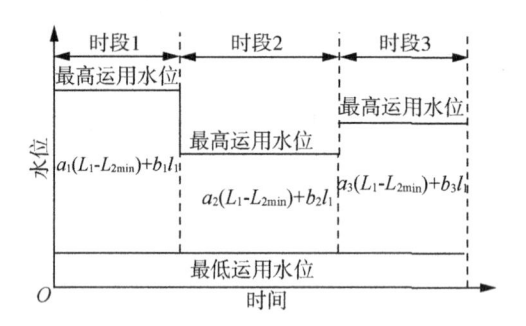

图 9-4 基于水文分期的水库生态调度规则示意

2) 水库供水任务层次分解

水库担负着供水、发电等多种任务。研究中将供水作为优化对象,将其他任务作为调度模型的约束条件。鉴于社会经济供水与生态供水的竞争关系和不可公度性,水库调度中需要进行多目标优化,得到社会经济供水目标与生态供水目标间的帕累托前沿。

虽然向量遗传算法、非支配排序遗传算法等多目标求解算法已得到广泛应用，但存在竞争关系的多个目标会加剧计算的复杂程度，甚至出现不收敛的问题。现有的可行方法是通过对水库供水任务进行层次分解，将多目标转化为单目标。如图 9-5 所示，帕累托前沿上的每一个点都代表了特定的社会经济供水效益下的生态供水效益最优值，因此可在水库调度中设置固定的社会经济需水量并优先满足，然后对生态供水进行单目标优化，通过调整社会经济需水量得到帕累托前沿。如图 9-6 所示，根据当前可供水量的不同，将水库供水划分为 4 个阶段：阶段 1，当前的可供水量优先满足当前的社会经济需水量；阶段 2，当前的余水被用于满足生态需水量；阶段 3，储存剩余的水量以满足未来的需水量；阶

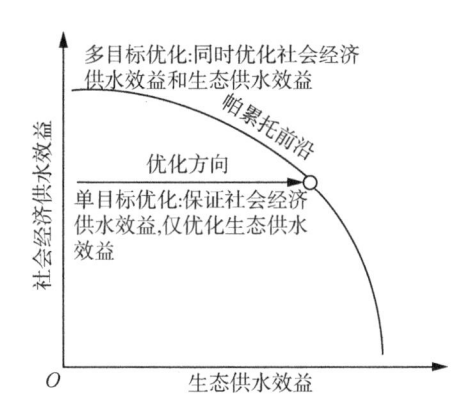

图 9-5　通过分解供水任务将多目标转化为单目标

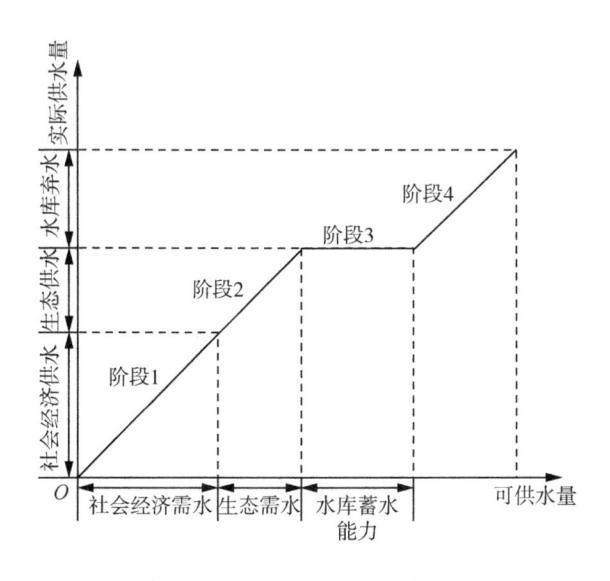

图 9-6　水库供水任务层次分解

段 4,产生弃水。通过分解供水任务可以保证社会经济需水量得到优先满足,从而将多目标转化成单目标。此外,同一优先级下只有一个供水任务,通过减少供水任务间的竞争来提高水库生态调度优化模型的收敛速度。

9.2.3.2 工程防洪预案

1. 防汛工作原则

坚持"安全第一,常备不懈,以防为主,全力抢险"的工作方针,建立集中领导、统一指挥、科学处置、结构完整、反应灵敏的工程度汛应急机制。发生设计标准范围内洪水时,确保工程安全度汛;发生超标准洪水时,最大限度地减少人员、工程、财产损失,把损失降到最低程度。

2. 防汛组织

成立除险加固工程安全度汛领导小组,负责该工程的安全度汛工作和应急抢险指挥。领导小组下设办公室和后勤保障组、物资保障组、抢险救援组等3个职能组。

3. 防汛物资

汛前备足挖掘机、装载机、自卸汽车、推土机、备用发电机等防汛设备和土工布、钢管桩、编织袋、铁丝、救生衣、冲锋舟、料石、铁锹、水泵等防汛物资。锻炼防汛抢险队伍,对工程施工人员进行防汛抢险教育,提高人员防汛抢险意识,提升队伍应对突发险情的快速反应能力和处置能力,随时做好抢险准备工作。

4. 洪水调度保障措施

汛期如发生较大洪水,请示上级主管部门,通过调度运用大中型水库对洪水进行拦洪削峰,大幅度降低洪峰流量;地方政府开启沿河两岸的引水涵闸,将部分洪水引出,减小河道行洪压力,确保防汛安全。

5. 气象和水情工作

工程施工期,气象和水情工作依靠水文处,利用其洪水预报系统提供施工期水情日报,及时掌握雨情、水情,为领导小组防汛决策提供依据。施工期水情日报包括水雨情信息和预报信息。水雨情信息包含流域内主要水库、闸坝和河道观测站的水位、流量等信息,流域内降水信息;预报信息包括降水、洪水和台风预报信息。

6. 安全度汛措施

签订防汛目标责任书,明确并落实各参建单位的防汛职责。建立防汛应急联动机制,在雨水情预报、应急救援等方面实现资源共享、互通有无。加强与有关部门的联系,及时掌握雨情、水情、工情、灾情,如遇重大汛情、险情,第一时间向主管部门报告。汛前对工程安全度汛准备工作进行检查,全面检查防汛责任、队伍、预案、物资等落实情况,对施工现场及生产生活区安全度汛隐患和次生灾害隐患进行全面排查,坚决落实安全生产隐患定期排查整改制度。

7. 应急响应

根据上游河道来水情况,除险加固工程防汛应急响应分为三级:Ⅰ级(特别严重)、Ⅱ级(严重)、Ⅲ级(较重)。

9.2.3.3 汛末蓄水方案

水电站发电量是经济效益的最直接体现,因此作为调度模型的主要目标;为反映水库运行对下游河道生态流量的影响程度,借鉴水文变化指标法,以下游河道适宜生态流量改变度作为水库生态效益的衡量指标。水库经济效益最大化要求提高水电站保证出力,出库流量按照较小方式下泄,以充分发挥其水头效应,而面向下游河道生态流量的水库调度则要求水库下泄流量尽量接近下游适宜生态水量,使其有利于河道生态环境的保护与重构。从上述分析可以看出:水库的经济效益和生态效益之间存在一定的竞争关系,很难通过统一的调度方式使两个调度目标同时达到最优,需建立多目标优化模型对其进行研究。

1. 目标函数

以调度期内水电站发电量最大和下游河道适宜生态流量改变度最小为目标构建水库汛末蓄水期多目标优化调度模型,其目标函数的数学表达式如下:

目标 1:水电站发电量最大

$$f_1 = \max \sum_{t=1}^{T} N_t \cdot \Delta t \tag{9-9}$$

式中:T 为调度总时段(h);N_t 为 t 时段水库水电站水轮机的出力(kW·h),$N_t=9.81 \cdot \eta \cdot Q^g \cdot \Delta H_t$,其中 η 为额定效率,取 0.933,Q^g 为 t 时段通过水轮机组的发电流量(m³/s),ΔH_t 为水库上下游水位差(m);Δt 为时段长度(h)。

目标 2:下游河道适宜生态流量改变度最小

$$f_2 = \min \frac{1}{T} \sum_{t=1}^{T} \frac{|Q_{e,t} - Q_t^{out}|}{Q_{e,t}} \times 100\% \tag{9-10}$$

式中:$Q_{e,t}$ 为 t 时段下游河道的适宜生态流量(m³/s);Q_t^{out} 为 t 时段水库总下泄流量(m³/s),为发电流量 Q^g 与弃水流量 Q^{ul} 之和。

2. 约束条件

水库调度约束主要包括水量平衡约束、水库水位、出力约束、下泄流量约束,具体约束条件包括:

水库水位约束

$$Z_t^{\min} \leqslant Z_t \leqslant Z_t^{\max} \tag{9-11}$$

式中：Z_t、$Z_t^{\min}$、$Z_t^{\max}$ 分别为水库 t 时段的水位(m)、最低水位(m)及最高水位(m)。

水量平衡约束

$$V_{t+1} - V_t = (Q_t^{\text{in}} - Q_t^{\text{out}}) \cdot \Delta t \tag{9-12}$$

式中：V_{t+1} 为水库 $t+1$ 时段的蓄水量(m^3)；V_t 为水库 t 时段的蓄水量(m^3)；Q_t^{in} 为 t 时段的入库流量(m^3/s)。

水库下泄流量约束

$$Q_t^{\min} \leqslant Q_t^{\text{out}} \leqslant Q_t^{\max} \tag{9-13}$$

式中：Q_t^{out} 为三峡水库 t 时段的下泄流量(m^3/s)；$Q_t^{\min}$、$Q_t^{\max}$ 分别为 t 时段下游河道的最小流量(m^3/s)和最大流量(m^3/s)，为满足下游河道通航要求。

出力限制约束

$$N_t^{\min} \leqslant N_t \leqslant N_t^{\max} \tag{9-14}$$

式中：$N_t^{\min}$ 为水轮机 t 时段的出力下限(kW·h)；$N_t^{\max}$ 为 t 时段的出力上限(kW·h)。

3. 遗传算法等仿生算法

流程水位是水库运行中的重要参数，可准确直观反映水库不同时段间的有机联系，同时也与优化调度中复杂的约束条件紧密相关，水库各时段水位序列作为优化算法的决策变量，种群中每个个体表示为 $Z=[Z_1, Z_2, \cdots, Z_t]$，其中 Z_t 为水库 t 时段的水位，此遗传算法为例的优化调度的步骤为：

（1）参数设置，包括约束条件、迭代次数、种群大小、交叉概率、变异概率等。

（2）以各时段水库水位为约束条件，随机生成初始种群，为使生成的群体满足所有约束条件，先分别计算在当前生成的初始种群条件下水库下泄流量、尾水水位、出力，判断是否满足给定的约束条件，如不满足则重新生成初始种群，直到产生包含 N 个满足所有约束条件的父代群体 P_t。

（3）交叉，采用算术交叉的方法得到 N 个满足所有约束条件的个体作为进化的子代群体 P_c。

（4）变异，采用随机均匀变异的方法得到 N 个满足所有约束条件的个体作为进化的子代群体 P_m。

（5）将父代群体（P_t）和子代群体（P_c、P_m）混合得到 $3N$ 个个体的混合群体，计算目标函数值，并根据目标函数值对群体进行非支配排序和拥挤距离计算，从

混合群体中选择 N 个个体作为父代群体,判断是否满足终止条件,满足则进行步骤(6),否则转到步骤(3)。

(6) 输出水库多目标优化调度结果(水位、泄流量、目标函数)。

9.2.3.4 超标洪水应急预案

鉴于自然的洪水是随机事件,水库防洪体系按一定规则设定的防洪标准必然存在遭遇更大洪水的可能性,洪水调度主要分三种情况:一是通过合理的防洪调度避免造成洪灾损失;二是当洪灾十分严重、不可避免地要产生洪灾损失时,在保证水库安全的前提下,通过防洪调度使下游防洪对象的受灾时间尽可能短,即最短受灾历时准则;三是虽然受灾历时短,但造成的灾情很严重,为此要通过合理调度控制下游洪水过程,使得总体损失最小。上述三种情况分别对应以下三个准则,即最高水位最低化准则、最短受灾历时准则和洪灾最小损失准则。

1. 超标洪水应急调度准则

1) 最高水位最低化准则

最高水位最低化准则以大坝(库区)在调度过程中最安全为水库防洪优化调度求解目标,即在满足下游防洪控制断面安全泄量约束的前提下,最大限度地下泄洪水,使水库水位尽可能低,预留出尽可能多的防洪库容,以迎接后续可能发生的大洪水过程。

最高水位最低化准则的表达式如下:

$$\min\{\max_{t\in[t_0,t_d]}[Z(t)]\} \tag{9-15}$$

式中:t 为时间,t_d、t_0 分别为洪水的结束和开始时刻;Z 为水库水位(m)。

根据水位和库容对应关系,最高水位最低化可等价于最大库容最小化,同时根据水量平衡原理进一步推导可知:

$$\min\{\max_{t\in[t_0,t_d]}[Z(t)]\} \Leftrightarrow \min\int_{t_0}^{t_d}[\Delta Z(t)]^2 dt \tag{9-16}$$

在梯级水库群防洪优化调度中,n 个水库,n 个防洪控制点的防洪系统最高水位最低化准则调度的目标函数为:

$$\min\int_{t_0}^{t_d}\{\Delta Z_1^2(t)+\Delta Z_2^2(t)+\cdots+\Delta Z_n^2(t)\}^2 dt \tag{9-17}$$

该目标函数在实际应用中常取如下离散形式:

$$\min\sum_{j=1}^{M}\sum_{i=1}^{n}\Delta Z_{j,i}^2 \Delta t \tag{9-18}$$

式中：j 为时段数，$j=1,2,\cdots,M$，其中 $M=(t_d-t_0/)\Delta t$；t_d、t_0 分别为洪水的结束和开始时刻；Δt 为计算时间间隔(s)；$\Delta Z_{j,i}$ 为第 i 个水库第 j 个时段的水位变幅(m)；i 为梯级水库序号，$i=1,2,\cdots,n$。

2) 最短受灾历时准则

最短受灾历时准则是指以水库下游防洪保护区的连续洪灾时间最短为水库防洪优化调度求解目标，其实质是在保证大坝（库区）防洪安全前提下，当下游防洪安全不能得到保证时，利用水库的防洪库容调节洪水使水下泄流量超过水库下游防洪对象安全泄量的历时尽量减短，即尽量减轻下游洪水灾害损失。最短受灾历时准则的表达式如下：

无区间洪水时：

$$\min\{T_{灾}\} = \{\mathop{t}_{t\in[t_0,t_d]}[q(t)>q_{安}]\} \tag{9-19}$$

有区间洪水时：

$$\min\{T_{灾}\} = \{\mathop{t}_{t\in[t_0,t_d]}[(q(t)>Q_{区}(t))>q_{安}]\} \tag{9-20}$$

式中：$T_{灾}$ 为受灾时间(s)；t_0、t_d 分别为受灾期的始、末时刻；$q(t)$ 为 t 时刻经水库调蓄后的下泄流量(m^3/s)；$q_{安}$ 为下游容许的安全泄量(m^3/s)；$Q_{区}(t)$ 为时刻区间流量(m^3/s)。

按上述两种情况，同时根据梯级水库群为并联水库还是串联水库，分 4 种组合方式分别列出防洪控制点的防洪系统最短受灾历时准则调度的目标函数，然后再进行求解。

3) 洪灾最小损失准则

洪灾最小损失准则针对于一场洪灾虽然历时短，但造成灾情很严重的情况。其总的目标就是在历时短、灾情严重的情况下，通过水库调蓄尺量保证总的洪灾损失最小。

洪灾最小损失准则的表达式如下：

$$\min K = \int_{t_0}^{t_d} c \cdot q(t) \mathrm{d}t \tag{9-21}$$

式中：K 为总的洪灾损失，可以货币或实物表示；c 为洪灾损失系数，应由分析洪灾调查统计资料得出。

当洪灾损失为成灾流量的线性函数时 c 为常数，上述模型为一线性模型，否则为非线性模型。

2. 超标洪水协同应急调度模型

超标洪水协同应急调度是研究防洪压力极大时的洪水调度控制问题，主要研究如何通过防洪调度尽可能快地下泄水库水量、降低水库水位,尽可能多地腾出水库库容以迎接后续洪水水量,减轻水库防洪压力。因此,本研究中选取最高水位最低化准则作为超标洪水协同应急调度模型的目标函数,目标函数具体如式(9-22)所示。

在实际工程中求解该目标函数时,还需要引入相应的约束条件,具体的约束条件如下:

1) 防洪库容约束

$$\sum_{j=1}^{M}(Q_{j,i}-q_{j,i})\Delta t=\Delta V_{j,i} \quad (9-22)$$

式中:$Q_{j,i}$为第i个水库第j时段的平均入库流量(m^3/s);$q_{j,i}$为第i个水库第j时段的平均出库流量(m^3/s);$\Delta V_{j,i}$为第i个水库第j时段的库容变化(m^3)。

2) 水库水量平衡约束

$$\frac{Q_{j,i}+Q_{j+1,i}}{2}-\frac{q_{j,i}+q_{j+1,i}}{2}=\frac{\Delta V_{j,i}}{\Delta t} \quad (9-23)$$

式中:$\Delta V_{j,i}$为第i个水库第j时段的库容变化(m^3)。

3) 水库水位约束:

$$Z_{j,i}^{\min} \leqslant Z_{j,i} \leqslant Z_{j,i}^{\max} \quad (9-24)$$

式中:$Z_{j,i}$为第i个水库第j时段平均水位(m);$Z_{j,i}^{\min}$为第i个水库第j时段允许的最低水位(m);$Z_{j,i}^{\max}$为第i个水库第j时段允许的最高水位(m)。

4) 出库流量约束:

$$q_{j,i}^{\min} \leqslant q_{j,i} \leqslant q_{j,i}^{\max} \quad (9-25)$$

式中:$q_{j,i}^{\min}$为第i个水库第j时段允许的最小出库流量(m^3/s);$q_{j,i}^{\max}$为第i个水库第j时段允许的最大出库流量(m^3/s)。

5) 流量平衡约束:

$$Q_{j,i+1}=Q_{j-\tau_i,i}+Q_{区,j,i} \quad (9-26)$$

式中:τ_i为第i个水库至第$i+1$个水库之间洪水传播时间(s);$Q_{区,j,i}$为第i个水库至第$i+1$个水库之间第j时段的区间流量(m^3/s)。

6) 非负条件约束:上述所有变量均为非负变量(所有变量$\geqslant 0$)。

9.2.3.4 历史典型洪水

在超定量(POT)洪水频率分析中考虑分组历史洪水,能充分利用不同考证期历史洪水,从实测和考证资料两方面使洪水信息量利用最大化,提高设计洪水精度。采用极大似然法(ML)估计样本分布参数,对比连续 POT 样本、含一组历史洪水和两组历史洪水的不连续 POT 样本频率分析结果,探讨分组历史洪水对 POT 洪水频率计算的影响。考虑历史洪水有效改善 POT 洪水频率曲线对样本的拟合效果,当实测样本中存在量级较大的洪水时,有必要通过考证历史洪水对其进行特大值处理;特大洪水的考证期长度对设计洪峰估计有显著影响,尽可能增大考证期有助于提高对大洪水的洪水频率分析精度。

1. 洪水超定量频率分布

POT 样本的年发生次数为随机变量,多假设服从泊松分布。POT 样本拟合早期常用指数分布,近年来多采用广义 Pareto(GP)分布。GP 分布的概率密度函数为:

$$f(x) = \begin{cases} \dfrac{1}{\alpha}\left[1 - \dfrac{k}{\alpha}(x-\zeta)\right]^{(1/k-1)}, (k \neq 0) \\ \dfrac{1}{\alpha}\exp\left[-\dfrac{1}{\alpha}(x-\zeta)\right], (k \neq 0) \end{cases} \tag{9-27}$$

式中:$f(x)$ 为 GP 分布的概率密度函数;α 为分布的尺度参数;k 为形状参数;ζ 为位置参数,取 POT 门限值 q_0。

假设超定量年发生次数服从泊松分布,则重现期计算公式为:

$$T(x) = \frac{1}{\mu(1-F(x))} \tag{9-28}$$

式中:$T(x)$ 为设计洪峰 x 的重现期;μ 为年均超定量发生次数。

2. 样本提取

由实测流量资料提取超定量样本的关键在于确保入选的洪峰样本具有独立性,并选取合理的门限值 q_0。研究中洪峰样本独立性判别采用美国水资源协会提出的判别标准。门限值 q_0 的取值方面,在总结常用的门限值选取标准及特征的基础上,满足 $\mu>2$,综合考虑分散指数法和超定量样本均值法确定门限值,该方法通过结合多种门限值选取标准而保证 POT 样本的合理性。

根据实测流量资料提取独立洪峰样本,并选取大于门限值 q_0 的独立洪峰构成连续 POT 序列。在连续 POT 序列中加入历史洪水,构成不连续 POT 序列。用实测资料的年均超定量发生次数 μ 估计考证期内的年均超定量洪水发生次数,则 N 年考证期的 POT 样本长度为 $\mu \times N$,除考证到的历史洪水和实测洪水,其他为无测值洪水。

3. 参数估计

洪水频率分析的分布参数估可采用矩法(MOM)、线性矩法(L-M)、极大似然法(ML)等。研究中采用美国联邦应急管理署(FEMA)推荐使用的极大似然法估计参数,该方法有较好的不偏性。

极大似然法采用对数似然函数值达到最大时的参数组合作为分布参数。设实测年数为 S,对于连续 POT 序列,对数似然函数公式为:

$$\ln L(\theta \mid x) = \sum_{i=1}^{n} f(x_i) \tag{9-29}$$

式中:n 为连续序列样本长度,$n=\mu \times S$;$f(x)$ 为概率密度函数;$\theta=(\sigma,k,\xi)$ 代表分布参数。

含一个考证期历史洪水条件下,设考证期为 N 年,在无实测资料的年份($N-S$)年中有 k 场历史洪水,其中最小历史洪水为 X_0,对于考证期内未知洪水流量的数据,已知其流量小于考证期内已知历史洪水中的最小洪水,用不超过概率 $F(x)$ 表示,已知流量的历史洪水用概率密度函数表示,则对数似然函数公式为:

$$\ln L^1(\theta \mid x) = \ln L(\theta/x) + (h-k)\ln(F(X_0)) + \sum_{i=1}^{k} f(y_i) + \ln\begin{bmatrix} h \\ k \end{bmatrix} \tag{9-30}$$

式中:$h=\mu(N-S)$,为无实测资料的($N-S$)年中超过门限值的洪水数量;x 为实测洪水;y_i 为历史洪水;其余参数意义同前。

若存在两个考证期,则较短的考证期为 N_1 年,长的为 N_2 年,对于 N_1 年考证期以外 N_2 年考证期以内的洪水处理方法,与只有一个考证期时($N-S$)年部分的处理相同,对数似然函数公式为:

$$\ln L^2(\theta \mid x) = \ln L^1(\theta/x) + (h_2-k_2)\ln(F(X_{02})) + \sum_{j_2=1}^{k_2} f(y_{j_2}) + \ln\begin{bmatrix} h_2 \\ k_2 \end{bmatrix} \tag{9-31}$$

式中:$h=\mu(N_2-N_1)$,为(N_2-N_1)年中超过门限值的洪水数量;k_2 为(N_2-N_1)年内历史洪水个数;X_{02} 为(N_2-N_1)年内最小历史洪水;y_{j_2} 为第二个考证期内的历史洪水;其余参数意义同前。

9.2.3.5 防凌预案

当碾压混凝土坝如辽宁白石、观音阁等位于北方流域时,由于其特定的地理位置、低纬度到高纬度的气候差异、热力和水力作用及曲折多变的河道流势边界条件,对我国经济社会的发展影响极大,其冰凌灾害更是不容忽视。并且,近年来随着极端气候频发,致使冰凌灾害时有发生,直接经济损失惨重,防凌形势越来越严重,总结以往防凌理论和技术,研究冰凌防治新理论和新技术,具有重要的现实意义。

在防凌技术方面,黄河流域的防凌经过专家历年的研究,技术比较成熟并且具有普适性,本研究采用其中一种黄河的防治凌汛灾害的新方案。

1. 防治理念

针对黄河的特殊情况,建立变被动减灾为主动防御、变传统模式为现代技术的新理念。

① 利用现代技术手段,研究黄河冰凌形成的机理和规律,建立一套完整的监测、预报、预警体系,提前消减致灾的因素与条件,如大块流凌、冰盖等。

② 一旦出现冰塞、冰坝,立即采取应急处理措施。利用"机动便携、安全高效、操作简易"的现代技术器材在冰面实施爆破,防止出现大范围的凌灾。

③ 在组织上,变军队机制为军民合作联合防控或者单纯的民防组织。

2. 防凌理论与技术

在理论上,改变传统的在冰平面方向受力断裂分析理论,以更接近实际情况的冰水相互耦合的动力分析模型作为理论指导。该新思路下的理论分析如下:由于冰体材料具有抗拉性,借助现代爆破技术,使冰水相互作用或爆炸冲击,在垂直冰平面方向有规划施力,冰体受垂直平面力折断成小尺寸的、较均匀的、对下游建筑物和堤防没有伤害的甚至是可以流动的冰块,达到爆破能少、成本低的效果。

冰面无控爆破为冰内或冰下预控爆破,变有破片军用弹丸爆破为无弹片民用弹丸爆破,变飞机、大炮投射爆破为现代便携常用器材爆破,从而消除传统方法的不利因素,实现"快、准、大、省;高效、机动、简便"的技术目标.

3. 孪生平台推荐方案

1) 技术方案

研究黄河河冰的形成、运动、破坏及冰凌形成的机理和规律,开发模拟黄河局部流域冰凌形成和演化过程的监测、预警、预报和灾害模拟系统,并建立黄河各区段凌汛期的基于现代高新技术的水情预测物联网体系。一旦发现可能出现凌情的区段,立刻依据先进的聚能随进技术,科学地主动防御,尽量将灾情消灭在萌芽阶段。

其次,若灾情过于迅猛,导致主动防御不利,针对不同的灾情又可以采取以下不同的技术方案:

大块流凌爆破。用火箭聚能随进爆破器、肩扛式火箭聚能随进爆破器在岸上或船上发射,能摧毁距离岸边较远的大块流凌。

冰盖爆破。在人员可以行走的冰盖上,根据需要布设一组聚能随进爆破器,可以一次性开设一条或者多条有一定宽度的裂缝,消除冰盖的膨胀作用或者开辟河道泄流通道。也可以按一定的间距或者列距设置聚能随进破冰器的阵列组合,起爆后破碎冰盖,让小型冰块漂流到下游。用水下火箭拖带破冰器组合阵列爆破可实现冰盖的大面积破碎。

摧毁冰塞、冰坝。对即将或已经形成的冰塞、冰坝,要快速、高效、准确、安全地予以排除。人员不能到达的冰塞冰坝,发射肩扛式火箭聚能随进破冰器或水下火箭拖带聚能破冰器破冰。

2) 器材分析

专用破冰器材有聚能随进破冰器、(肩扛式)火箭聚能破冰器、水下火箭拖带破冰器,其中前两种都利用了聚能随进爆破技术。聚能随进爆破技术就是俗称的"钻地弹"技术,主要由聚能钻地部分和随进后的战斗部分构成。这两种器材可分别在静态和远程实施爆破,目前已有实验成品,并获得了专利。

与传统器材比较,专用破冰器材具有以下特点:破冰器材轻便简单,便于组装和机动携带;爆破劳动强度低,作业速度快;弹药均为全备全保险型,安全可靠;按照破冰常用器材设计,可以长期储存和安全使用;爆破时无金属破片,不会对周围环境产生影响;火箭随进破冰器可实现岸边远距离准确控制爆破;可多种器材随机组合使用,破冰效率高、综合成本低;不需专门的技术人员,常规防凌队伍经简单训练后即可操作。

9.2.3.6 调水调沙方案

1. 目标函数

多年调节水库的库容规模主要取决于连续枯水年组(年调节水库为供水期)的最大累积亏水量,为寻求满足综合用水要求的梯级水库最小库容规模,模型的目标函数为梯级水库缺水量最小,梯级水库长系列调水调沙的实施则以调沙触发条件为判断依据。

$$W_q = \min \sum_{i=1}^{I} \sum_{j=1}^{J} (k(i,j)(Q_p(i,j) - Q_G(i,j)) \times t(i,j)) \qquad (9\text{-}32)$$

式中:W_q 为梯级水库的最小缺水量,单位为 m^3/s;i 为日历年编号,$i=1,2,\cdots,55$;j 为 1 个日历年的时段编号,$j=1.2,\cdots,12$(以月为单位时段),调沙的日历年 4 月细分为上半月与下半月两个时段,其余月份仍以月为单位时段,故调沙年份

中 $j=1,2,\cdots,13$;$t(i,j)$ 为计算时段长度,s;$Q_P(i,j)$、$Q_G(i,j)$ 分别为兰州断面时段需水流量与实际供水流量,单位为 m^3/s;$k(i,j)$ 为缺水判别系数,当$(Q_P(i,j)-Q_G(i,j))>0$ 时,$k(i,j)=1$,当$(Q_P(i,j)-Q_G(i,j))\leqslant 0$ 时,$k(i,j)=0$。

2. 梯级水库调水调沙触发条件

梯级水库调水调沙的触发条件为长系列运行中可调沙年份 4 月初的梯级水库总蓄水量大于 1 次调沙所需水量,且不导致后续时段的供水、出力遭到破坏,如式(9-33)。

$$\begin{cases} W(i,4) = (Q(i,4) + 2\ 580) \times t(i,4) \quad \sum_{m=1}^{M} W'_m(i,4) \geqslant w_{\text{sed}}(i,4) \\ \text{s. t.} \begin{cases} Q_P(i,j) \geqslant Q_G(i,j) \\ N_m(i,j) \geqslant N_m^{\min}(i,j) \end{cases} j>4 \end{cases}$$

(9-33)

式中:$W(i,4)$ 为第 i 年第 4 时段梯级水库的下泄水量,单位为 m^3;$Q(i,4)$ 为第 i 年第 4 时段梯级水库不考虑调沙时的下泄流量,单位为 m^3/s;$t(i,4)$ 为第 i 年第 4 时段的时段长,单位为 s;$W'_m(i,4)$ 为第 m 水库第 i 年第 4 时段初的蓄存水量,单位为 m^3;$w_{\text{sed}}(i,4)$ 为一次调沙所需水量,单位为 m^3;$N_m(i,j)$ 为第 m 水库第 i 年第 j 时段的平均出力,单位为 MW;$N_m^{\min}(i,j)$ 为第 m 水库的保证出力,单位为 MW。

9.2.3.8 专家经验库

专家经验库建设主要包括测值异常判别、大坝结构安全判断、大坝隐患推断、规范符合性断定、除险加固方案建议、场景预报调度经验挖掘、过程再现、经验验证、经验修正等。

数据驱动学习(Data-Driven Learning,DDL)模式是基于知识库,利用计算机索引对目标语探索分析的学习方法。该模式基于建构主义学习理论,倡导以用户为中心,以大量重点流域历史场景预报调度的经验挖掘、过程再现、经验验证、经验修正等为学习材料,通过计算机软件进行语境呈现,用户在专家引导和协助下对场景特征发现分析、归纳总结,实现经验获取。数学孪生平台配套改设施包括感知、通信、计算、电源、环境及辅助设施,其中感知包括工程安全信息、赋存水文地质信息、运行管理信息、水文气象信息、水库及影响区经济、生态和人文信息等。

9.3 配套感知设施建设与完善

配套设施建设与完善就是要根据数字孪生平台的建设要求,建设和完善相关硬软件设施,保证其运行可靠平稳,其中工程安全及相关设施是重中之重。

9.3.1 大坝和边坡安全监测设施

需要夯实信息基础设施,升级大坝和边坡安全监测设施,构建覆盖影响工程安全的重要结构、重要部位的感知物联网,提升工程安全信息感知水平,建设协同的数据分析处理中心。

随着科技水平和认知水平的不断提高,工程安全信息感知网络已发展为空天地一体化感知网络,充分借助卫星、无人机、地面及水下机器人、埋设于坝及基础面内的监测传感器,从点、线、面、体不同角度、不同尺度,全面精准感知荷载和结构响应。除传统监测外,还应结合专家认知、检测信息,除结构化信息外,还应包括声波、红外、光谱等非结构化信息。通过压缩感知、稀疏采样等方式实现有用信息的透彻感知。

9.3.2 信息分析处理设施提挡升级

信息分析处理设施包括硬软件设施,其中硬件设施在现有监测设施检验鉴定的基础上,根据预报预警和分析评价的要求,结合政策法规和标准规范完善相应的云计算、并行计算和集群中心。

硬件基础设施包括配套土建设施、服务器、通信设施、工作站及网络设施、电源及人机交互硬件设施等。配套信息分析处理软件设施包括软件主程序及其功能模块、数据库、操作系统、支撑辅助软件。其中软件主程序由用户开发,数据库及操作系统根据硬软件要求选择,支撑软件包括Python、Revit、CAD、3D MAX等。软件开发中考虑到数字孪生平台计算分析及人机交互的要求,对软件架构和可靠性、兼容性提出更高要求,一般基于容器和微服务架构、采用云计算模式开发。

9.4 日常管理及"四预"

提升业务智能水平主要是围绕工程安全、防洪、水资源管理与调配等共性业务应用需求,以及生态、经济社会等特性需求展开,提升"四预"能力,推动大坝安全管理数字化转型。

9.4.1 日常管理

在日常管理中提升业务应用智能化水平,具体工作内容如下:

扩展完善防汛调度、大坝安全、机电设备设施安全、发电安全、库区安全、反恐安全、旅游管理、设备资产管理等相关业务系统。

完善升级防洪调度、供水计划、发电计划、船舶通航、生态调度、库区管理等多目标调度功能于一体的业务平台。

重点强化水库防洪调度、水资源管理与调配"四预"功能,构建防洪调度、水资源管理与调配业务数字化模拟预演场景。

实现水利枢纽防洪"四预"功能、辅助生成决策建议方案。

实现防洪、水资源利用、航运、生态、应急等多目标多方案综合调度计算分析,建成流域枢纽综合调度运行管理系统,推动自动化系统和三维可视化系统建设,建设综合性与智能化相统一的安全监测系统,并按照国家有关要求推进工程管理相关单位数字化转型。

搭建调水工程智能运管平台与集团级数字赋能平台,重点完善南水北调水资源调配"四预"功能,高质量推动南水北调运行管理单位数字化转型工作。

9.4.2 预报

本研究设计了一种动态构建水雨情或工情预报方法,用于生成预报断面位置所在区域的预报方案,包括以下步骤:

①将水文特性和水利工程信息概化后,分解为不同的属性单元,属性单元包括代表预报断面上游来水的入流单元、代表预报断面或入流单元所在集水区的产流区间、代表区域内无资料地区的虚拟单元或工程安全测点信息的影响要素。

②对预报断面所属区域的水文特性以及大坝安全监测测点信息进行分析,得到输入条件分析结果。

③根据输入条件分析结果,选择不同的属性单元或影响因素的集合、因子,并设置预报断面或部位和属性单元的各项属性参数。根据产流区间的气候条件、土壤含水量、上游河道比降、区间高程数据、流域汇流时间以及蒸发代表站的情况,设置产流区间的属性参数。产流区间的属性参数包括产汇流计算模型、流域面积、蒸发系数、流域雨量站以及流域雨量站的权重。入流单元的各项属性参数包括控制断面以及数据来源。入流单元的数据来源包括实测数据、人工输入、预报方案计算结果或者实测数据与预报方案结合计算得到的结果。所述预报断面的属性参数包括预报断面站点、时段长、预见期、预热期或工程安全监测物理量及其输入影响因子。

④根据输入条件分析结果,构建各属性单元之间的关联关系、属性单元与预报断面之间的关联关系,组成区域预报方案。位于上游的属性单元为上游属性

单元,位于下游的属性单元为下游属性单元,各属性单元之间的关联关系包括:上游属性单元的流量直接汇入下游属性单元的关联关系、上游属性单元通过河道演算汇入下游属性单元的关联关系,以及多个上游属性单元的流量共同汇入下游属性单元的关联关系,根据工程安全监测物理量搭建有向无环图,明确因子和响应量之间的关系。

不同的区域,其水文特性和水利工程均不同,对水文特性和水利工程进行概化后可以形成输入条件,而输入条件又可以分成不同的属性单元,这些属性单元具有属性参数,设置属性参数时可以参考历史记录、人工测量或者其他方式。

对预报断面所在区域的实际水文特性和水利工程进行分析后,得到输入条件分析结果,根据输入条件分析结果设置属性单元的属性参数,并建立属性单元之间的关联关系,这些经过属性参数设置且构建了彼此关联关系的属性单元能够代表该区域内的实际水文特性和水流工程信息,据此可以构建该区域的预报方案。

预报方案完成构建后可以利用 xml 文件进行存储,若需要对特定的预报断面进行计算,读取实时的降水数据或者未来降水量等资料,调用该预报断面所在区域的预报方案,便能够实现。

如果该区域的水文特性和水利工程发生改变,可以增减属性单元、改变属性单元之间的关联关系以及改变属性单元的属性参数,灵活地对原有区域预报方案进行调整和扩展,无需从零开始构建,消除了原有圈画流域方式进行区域预报方案构建的局限性。

对于输入因子还需考虑因子之间的相关性,即多重共线性,对于存在多重共线性的输入自变量因子必须采用主成分分析、偏最小二乘回归等方法对因子之间的相关性进行处理,同时要考虑测值误差及模型的不确定性和鲁棒性,并采用正则化方法等针对性措施。

9.4.3 预警

预警是指在灾害或灾难以及其他需要提防的危险发生之前,根据以往总结的规律或观测得到的可能性前兆,向相关部门发出紧急信号,报告危险情况,以避免危害在不知情或准备不足的情况下发生,从而最大程度地减轻危害所造成的损失的行为。

1. 智能视频监控技术

随着视频监控在银行、电力、交通、水利、军事以及公共安全等领域的广泛应用,传统视频监控不断突显出需要人工配合、没有解析视频图像、只作事后调阅取证、无法实时主动预警和报警等弱点。为了实现可以实时分析、跟踪、识别监控对象,在异常情况下发出预警和报警的"智能化"视频监控,解决海量信息与图像的有效应用与处理,人们把计算机视觉技术引入视频监控中,发明了一种新型的视频监控技术——智能视频监控技术。在视频监控技术的辅助下,监控摄像头经历了从模拟到数字化的转变。

2. 智能监控应用类别

视频分析技术是将风险的分析和识别交给计算机或者芯片,让人员从"死盯"监视器中解脱出来,当计算机异常报警时值班人员实时响应。智能视频监控技术的应用可分为安防类应用和非安防类应用两大类,安防类应用主要包括高级视频移动侦测、物体追踪、人物面部识别、车辆识别、遗留和遗弃物品检测、入侵探测、物品被盗或移动检测、人体行为分析、拥挤检测、焰火检测等。非安防类应用处于起步初期,还需要在行业应用中不断发展进步。

3. 智能监控应用模式

智能视频监控技术具有两种应用模式:① 智能化改造传统的模拟视频监控系统,突破传统视频监控发展中遇到的瓶颈难题;② 在新建的数字化智能视频监控系统中,选择重点和高危监控目标或场所,前端选择智能视频服务器实现主动监控,将预警、警情实时发给后端智能管理平台,并完成快速切换和录像。

4. 智能监控实现方式

智能视频监控是利用计算机视觉技术对视频信号进行处理、分析和理解,在不需要人为干预的情况下,通过序列图像的自动分析对监控场景中的变化进行定位、识别和跟踪,并在此基础上分析和判断目标行为,能在异常情况发生时及时发出警报或提供有用信息,有效地协助人员处理相关事件,并最大限度地降低误报和漏报现象。在有效采集信息的基础上,智能视频监控系统比普通的网络视频监控系统具备更强大的图像处理能力和智能因素,其能感知和理解的信息包括人脸(用户身份)、人和物的行为、人员流动、人和物的消失与出现、人群聚集状态、人体疲劳状态、烟雾产生和蔓延等,所有需要用到这些信息的应用领域,都有可能成为智能视频分析的用武之地。

5. 智能预警技术

智能预警技术是基于智能视频监控技术,融合多元传感技术和人工智能技术发展而来的灾害预测预警预防技术。是一种采用图像处理、模式识别和计算机视觉技术,通过在监控系统中增加智能视频分析模块,借助计算机强大的数据处理能力过滤掉视频画面中的无用或干扰信息、自动识别不同物体,分析抽取视频源中关键有用信息,快速准确地定位事故现场,判断监控画面中的异常情况,并以最快和最佳的方式发出警报、触发其他动作,从而有效进行事前预警、事中处理、事后及时取证的全自动、全天候、实时监控、指挥、控制的智能化、综合性管理体系。

人工智能(AI)是20世纪中期产生的一门探索和模拟人的智能和思维过程的规律、设计出类似人的智能化的科学。应用在视频监控上的人工智能技术有人工智能神经网络、智能决策支持系统等,即通过计算机视觉识别技术将海量数据识别成结构化数据,特别以"人、车、物"为重点识别对象,但仅仅有结构化数据还不够,需要数据挖掘分析技术在视频数据和非视频数据之间做关系挖掘,形成有用的情报,作为指挥控制的决策依据。

海康威视、大华股份、华为、东方网力、华尊科技、苏州科达、捷尚股份、多维视通、商汤科技、旷视科技、格灵深瞳等是典型的智能视频分析技术厂商,目前在水库大坝上智能视频监控技术主要用于水库保护范围的入侵检测,在采用视频图像变形分析方面上海、南京都有相关研究成果。

9.4.4 预演业务

预演业务主要模拟水位控制及对大坝效应量的影响,同时模拟常见的事故,如泄洪设施失灵、开裂漏水、渗透破坏乃至漫顶溃坝及其后果。由于预演涉及后果、范围较大,而虚拟现实地理信息系统技术(VR-GIS)融合了虚拟现实(VR)技术的场景高仿真效果和地理信息系统(GIS)技术的空间分析能力,可以为大坝安全评估可视化及防洪减灾系统的搭建提供了解决方案。3D GIS 分析的使用,使 GIS 分析功能更加直观、准确。通过人与场景的真实互动,实现了防洪减灾工作的数字化管理。一般预演技术都是从虚拟地理信息系统技术以及三维地理信息系统技术在防洪减灾中的应用出发,通过虚拟场景的搭建、空间分析、三维可视化等功能的研究为防洪减灾工作提供系统解决方案。

1. 场景建设

1) 大坝失事及后果场景建设

水利枢纽的建筑物和基础设施众多,要直观地模拟到每一个具体建筑物或位置的各种失事场景十分困难,因此,基于失事风险及其排序,在此基础上建设与现实一致的仿真场景变得尤为重要,这也成为大坝失事及防洪减灾多维仿真系统建设的关键。通过虚拟场景的建设,可以构建一个帮助用户足不出户便可对所建区域一目了然的工具，减少了实地考察等工作带来的时间及人力上的浪费。三维城市场景的建设主要包括了城市建筑、附属设施绿化、水域等所有人文、地理信息的三维化、规范化、数字化建设，以满足防洪减灾系统空间分析功能的实际需求。

运用虚拟现实技术将已有遥感影像数据、CAD数据、DEM数据、规划设计资料、图片资料等按照统一的标准进行整理入库，同时将以上数据进行整合，利用3D MAX等三维建模工具进行三维场景模型的建设，最终将建好的场景进行系统集成，完成大坝失事过程及其后续灾害链演化的虚拟场景的建设。

2) 洪水演进及动态水面的建设

水是引起大坝失事的直接原因，是防洪减灾多维仿真系统中必不可少的元素，真实地模拟渗透破坏、射流、空化空蚀乃至漫顶溃顶的洪水演进、冲刷、流固耦合效果可以更加逼真地展现大坝失事及灾害链演化情况。因此，在场景建设中采用动态的水域场景建设是必不可少的。

在该系统的静态场景建设中，可采用动态水面纹理的方式实现水面的动态特效，从而根据水流的实际情况，实现水面的流速与流向的实时调整。同时，在洪水的淹没分析中根据采集到的实时数据进行洪水水面的实时生成，以方便在洪水发生过程中实现淹没区域的淹没分析，为防洪工作的开展和部署提供依据。

2. GIS分析功能

GIS的空间分析功能是在数字孪生建设中利用最广泛的技术之一。3D GIS的引入弥补了二维GIS分析的抽象和数据的二维分析的空间损失，使GIS的分析功能更加真实可靠。3D GIS空间分析包含了水淹分析、路径分析、缓冲区分析、灾害预警和模拟等众多功能，下面从防洪减灾的角度对3个主要的GIS分析功能进行介绍。

1) 水淹分析

将GIS技术与水动力学或水文模型相结合，根据数字高程模型预测、模拟显示淹没区，并进行灾害评估，已成为GIS应用和水利领域的一个研究热点。对淹没灾情进行快速评估是政府部门科学地制定防洪和减灾对策，迅速有效地采取抗洪救灾措施的保障手段。利用GIS技术建立某一区域水库和堰塞湖淹没分析与应急决策模型，能够对水库规划建设和堰塞湖灾害及其损失进行分析评估和预测。

洪水淹没可以分为浸坝式淹没和溃坝式淹没。在现实的防洪抢险工作中，由于洪水来临时一般会采用工程性方式加固和提高堤坝，浸坝式淹没一般不会发生，所以在水淹分析中主要分析流域的溃坝式淹没的情况，通过水淹分析可以以最快的速度得知可能的受灾区域面积、受灾区域位置以及安全地带的位置,有助于受灾群众的迅速撤离和防洪调度的高效实施,可以有效地减少人员伤亡和财产损失。

在实际的洪水淹没过程中,洪水的淹没面积除受基本的地形影响外,还会受到当时的天气情况、地表径流、土壤的渗透因子、洼地储水等多种因素的制约和影响,因此在水淹分析时还要考虑如地表径流、渗透以及洼地因雨储水等众多因素的影响。以上因素在三维分析中具有相当的复杂性,因此在实际的水淹分析中并未考虑复杂因素的影响,还是以地形影响为主进行水淹情况的分析,帮助使用者尽快地找出主要的淹没区域及安全区域,进行防洪调度。

水淹分析是河流流域的 DEM 地形与该区域实际的三维场景相结合,对 DEM 地形数据进行 GIS 分析操作,在三维场景上生成溃坝后的水淹区域的三维显示图,用户可以通过简单的操作一目了然地了解被洪水所淹没的区域。同时,可根据洪水的淹没情况,建立统一的危险等级和安全等级标准来划分洪水淹没区域的危险等级和安全区域的安全等级,在进行淹没分析时用不同的颜色进行危险及安全等级标识,为防洪调度方案的建立和洪水风险图的制作奠定基础。

2) 灾害预警与逃生模拟

根据洪涝灾害发生时水淹分析的情况进行灾害预警以及逃生的模拟,为洪水到达前灾害的预警以及居民的迁移工作做好前期的准确分析,为保证人民的生命财产安全打下坚实的基础。

通过前期的水淹分析结果,系统可以清晰地标识淹没的区域及淹没区域的面积,用户可以针对高危险区群众的撤离、蓄滞洪区的使用等方面进行模拟。按照普遍的撤离速度进行危险区群众的撤离模拟,通过现实情况的模拟展示,用户可以清晰地知道撤离某区人民所需的撤离时间、撤离路径等信息,为灾害来临时受灾区群众的撤离提供最佳解决方案。

9.4.5 预案

① 收集水库运行调度应急处置相关法律法规、部门规章和相关标准规范、通过审查备案的各种预案大坝及水库调度相关知识,包括水行业专家知识、水行业历史灾害应急预案知识。

② 根据上述法规文件及行业知识构建水行业知识库,通过将各类规定和专家知识进行标签属性提取,并进行情景表示生成预案知识图谱,将相关历史灾害应急预案知识进行情景表示,从而实现知识库的构建。

③ 对当前灾害事件进行情景式案例提取生成当前灾害事件的应急案例。

④ 根据生成的应急案例和构建的水行业知识库生成当前灾害事件的应急决策。

上述流程对大坝运行管理非结构化经验、知识、数据进行有效组织与利用，基于算法实现各类本体的关联关系建立。能够以情景的方式实现水行业应急案例的历史过程记录，同时能够将历史经验与同类案例应急措施结合情景以动态的方式进行推送。能够实现将水行业的结构化数据信息与非结构化行业知识和经验进行有机结合，为行业提供更加便捷、准确的信息化管理方法与决策手段。

9.5 结论与建议

随着科技的进步，水工程数字孪生建设是必要的、可行的，但在具体细节方面要严格落实技术监督，确保工程质量，并针对其中的部分技术难点进行攻关。

为确保项目顺利实施，同时充分利用已有设备设施和数据，建议对水工程现有系统进行统计调查和分析，对监测仪器设备进行检验率定、对数据的可用性和充分性进行论证。同时对具体大坝数字孪生的目的进行细化，对具体大坝的安全风险进行分析，对数字孪生工程建设过程中的关键问题进行研究，特别是"四预"相关模型及流程，从硬软件可靠角度分析出发，确保建成后的数字孪生平台能发挥显著作用。再根据数字孪生需要，在充分利用已有设施的基础上进行统一规划，分步实施。

参考文献

[1] 祁立友,周世龙,王育琳.桃林口水库大坝渗水原因分析[J].水科学与工程技术,2006(S2):66-67.

[2] 袁自立,马福恒,李子阳.石漫滩碾压混凝土重力坝渗流异常成因分析[J].水电能源科学,2013,31(5):42-45.

[3] 李荣,叶焰中,罗赛虎.思林水电站碾压混凝土坝的渗流分析[J].水利科技与经济,2008(9):691-692,699.

[4] 孙亮.龙华河碾压混凝土重力坝三维渗流场分析及渗控措施研究[D].北京:清华大学,2008.

[5] 叶永,许晓波,牟玉池.基于COMSOL Multiphysics 的重力坝渗流场与应力场耦合分析[J].水利水电技术,2017,48(3):7-11.

[6] 王静.等壳水电站碾压混凝土重力坝非溢流坝段稳定渗流场有限元分析研究[J].中国农村水利水电,2011(10):99-101,105.

[7] 秦子华.基于热-水-力-损伤耦合模型的高地温水工高压隧洞围岩承载特性数值模拟研究[D].南宁:广西大学,2016.

[8] 王萍,张燕明,吕杨,等.泥页岩多场耦合流变模型[J].西安石油大学学报:自然科学版,2021,36(3):50-57.

[9] 李哲.应力、温度耦合下盐岩力学特性试验研究[D].重庆:重庆大学,2012.

[10] 南建林,过镇海,时旭东.混凝土的温度-应力耦合本构关系[J].清华大学学报:自然科学版,1997,37(6):87-90.

[11] 邵保平,赵阳升,赵金昌,等.层状盐岩温度应力耦合作用蠕变特性研究[J].岩石力学与工程学报,2008,27(1):90-96.

[12] 李连崇,杨天鸿,唐春安,等.岩石破裂过程 TMD 耦合数值模型研究[J].

岩土力学,2006,27(10):1727-1732.

[13] 于庆磊,郑超,杨天鸿,等.基于细观结构表征的岩石破裂热-力耦合模型及应用[J].岩石力学与工程学报,2012,31(1):42-51.

[14] 左建平,周宏伟,谢和平,等.温度和应力耦合作用下砂岩破坏的细观试验研究[J].岩土力学,2008,29(6):1477-1482.

[15] 左建平,谢和平,周宏伟.温度压力耦合作用下的岩石屈服破坏研究[J].岩石力学与工程学报,2005,24(16):2917-2921.

[16] YAN Z G, ZHU H H, JU J W. Behavior of reinforced concrete and steel fiber reinforced concrete shield TBM tunnel linings exposed to high temperatures[J]. Construction and Building Materials,2013,38:610-618.

[17] VOSTEEN H D, SCHELLSCHMLDT R. Influence of temperature on thermal conductivity, thermal capacity and thermal diffusivity for different types of rock[J]. Physics and Chemistry of the Earth, Parts A/B/C,2003,28(9-11):499-509.

[18] GHASSEMI A, ZHANG Q. A transient fictitious stress boundary element method for porothermoelastic media[J]. Engineering Analysis with Boundary Elements,2004,28(11):1363-1373.

[19] 吴星辉,李鹏,郭奇峰,等.热损伤岩石物理力学特性演化机制研究进展[J].工程科学学报,2022,44(5):827-839.

[20] JING L, TSANG C F, STEPHANSSON O. DECOVALEX-An international cooperative research project on mathernational models of coupled THM processes for safety analysis of radioactive waste repositories [J]. International Journal of Rock Mechanics and Mining Sciences & Geomechanics Abstracts,1995,32(5):389-398.

[21] 黄涛,杨立中,陈一立.工程岩体地下水渗流-应力-温度耦合作用数学模型的研究[J].西南交通大学学报,1999,34(1):13-17.

[22] TAO Q F, GHASSEMI A. Poro-thermoelastic borehole stress analysis for determination of the in situ stress and rock strengthc [J]. Geothermics,2010,39(3):250-259.

[23] Fuguo Tong, lanru Jing, Robert W Zimmerman. A fully coupled thermo-hydro-mechanical model for simulating multiphase flow, deformation and heat transfer in buffer material and rock masses[J]. International Journal of Rock Mechanics and Mining Sciences,2010,47

(2):205-217.

[24] J Rutqvist, L Borgesson, M Chijimatsu. Thermohydromechanics of partially saturated geological media: governing equations and formulation of four finite element models[J]. International Journal of Rock Mechanics and Mining Sciences,2001,38(1):105-127.

[25] Y Zhou, RKND Rajapakse, J Graham. A coupled thermoporoelastic model with thermo-osmosis and thermal-filtration[J]. International Journal of Solids and Structures,1998,35(34-35):4659-4683.

[26] 宋晓晨,徐卫亚. 裂隙岩体渗流概念模型研究[J]. 岩土力学,2004,25(2):226-232.

[27] NATIONAL RESEARCH COUNCIL. Rock Fractures and Fluid Flow: Contemporary Understanding and Applications[M]. Washington: The National Academies Press, 1996.

[28] 仵彦卿,张倬元. 岩体水力学导论[M]. 成都:西南交通大学出版社,1995.

[29] WITTKEW, LOUIS C. Zur Berechnung des Einflusses der Bergwasserströmung auf die Standsicherheit von Böschungen und Bauwerken in zerklüftetem Fels[C]//Proc. Intl. Cong. ISRM,1966.

[30] LOUIS C. Strömungsvorgänge in Klüftigen Medien und ihre Wirkung auf die Standsicherheit von Bauwerken und Böschungen im Fels[M]. Diss, UniversitatKarlsruhc,1967.

[31] WITHERSPOON P A, WILSON C R. Steady state flow in rigid networks of fractures[J]. Water Resources Research,1974,10(2):328-335.

[32] 柴军瑞. 大坝工程渗流力学[M]. 拉萨:西藏人民出版社,2001.

[33] 王恩志. 裂隙网络地下水流模型的研究与应用[D]. 西安:西安地质学院,1991.

[34] 王恩志. 剖面二维裂隙网络渗流计算方法[J]. 水文地质工程地质,1993,20(4):27-29.

[35] 王恩志. 岩体裂隙的网络分析及渗流模型[J]. 岩石力学与工程学报,1993,12(3):214-221.

[36] BARTON N, BANDIS S, BAKHTAR K. Strength, deformation and conductivity coupling of rock joints[J]. International Journal of Rock

Mechanics & Mining Sciences & Geomechanics Abstracts,1985,22(3):121-140.

[37] 刘继山.单裂隙受正应力作用时的渗流公式[J].水文地质工程地质,1987(02):32-33,28.

[38] 黄涛,杨立中.隧道裂隙岩体温度-渗流耦合数学模型研究[J].岩土工程学报,1999,21(5):554-558.

[39] 黄涛.裂隙岩体渗流-应力-温度耦合作用研究[J].岩石力学与工程学报,2002,21(1):77-82.

[40] 杨立中,黄涛.初论环境地质中裂隙岩体渗流-应力-温度耦合作用研究[J].水文地质工程地质,2000,27(2):33-35.

[41] 张学富,喻文兵,刘志强.寒区隧道渗流场和温度场耦合问题的三维非线性分析[J].岩土工程学报,2006,28(9):1095-1100.

[42] 柴军瑞.岩体渗流-应力-温度三场耦合的连续介质模型[J].红水河,2003,22(2):18-20.

[43] 周志芳,王锦国.裂隙介质水动力学原理[M].北京:中国水利水电出版社,2004.

[44] 毛新军,胡广文,张晓文,等.双重介质致密油藏油水两相瞬态流动模拟方法[J].深圳大学学报:理工版,2021,38(6):572-578.

[45] 年庚乾,陈忠辉,周子涵,等.基于双重介质模型的裂隙岩质边坡渗流及稳定性分析[J].煤炭学报,2020,45(S2):736-746.

[46] 熊峰,姜清辉,陈胜云,等.裂隙-孔隙双重介质Darcy-Forchheimer耦合流动模拟方法及工程应用[J].岩土工程学报,2021,43(11):2037-2045.

[47] 张玉军.遍有节理岩体的双重孔隙-裂隙介质热-水-应力耦合模型及有限元分析[J].岩石力学与工程学报,2009,28(5):947-955.

[48] 王洪涛.裂隙网络渗流与离散元耦合分析充水岩质高边坡的稳定性[J].水文地质工程地质,2000,27(2):30-33.

[49] 赵颖,陈勉,张广清.各向异性双重孔隙介质有效应力定律[J].科学通报,2004,49(21):2252-2255.

[50] 吉小明,白世伟,杨春和.裂隙岩体流固耦合双重介质模型的有限元计算[J].岩土力学,2003,24(5):748-750,754.

[51] 杨立中,黄涛.初论环境地质中裂隙岩体渗流-应力-温度耦合作用研究[J].水文地质工程地质,2000,27(2):33-35.

[52] ABDALLAH G, THORAVAL A, SFEIR A, et al. Alain Thoraval, A

Sfeir; Thermal convection of fluid in fractured media [J]. International Journal of Rock Mechanics & Mining Sciences & Geomechanics Abstraots,1995,32(5):481-490.
- [53] 谭贤君,陈卫忠,伍国军. 低温冻融条件下岩体温度-渗流-应力-损伤 (THMD)耦合模型研究及其在寒区隧道中的应用[J]. 岩石力学与工程学报,2013,32(2):239-250.
- [54] 尉锋. 城市涵洞水位检测警示仪设计[J]. 设计,2015(5):28-29.
- [55] 闫自仁. 磁致伸缩水位计在昌马灌区斗口计量中的应用[J]. 中国水利,2017(12):72.
- [56] 汤文辉. 城市道路积水监测系统的设计与应用[J]. 电子技术,2022,51(1):31-33.
- [57] 龚正平,杜海江,江志伟. 路面积水带电实时在线监测系统设计[J]. 自动化与信息工程,2018,39(4):1-3,38.
- [58] 钱向东,赵会德,赵引等. 混凝土坝裂缝渗流统计模型[J]. 水利科技,2004(1):27-29.
- [59] 党旭光,朱庆杰,刘峰,等. 热-流-固耦合建模过程[J]. 岩土力学,2009,30(S2):229-231.
- [60] HART R D, OHN CMST Formulation of a Fully-coupled Thermal-Mechanical-Fluid Model for Non-linear Geologic Systems[J]. Int. J. Rock. Mech. Min. Sic. &Geornech. Abstr,1986,23(3):213-224
- [61] GUVANASEN V, CHAN T. A three-dimensional numerical model for thermo-hydro-mechanical deformation with hysteresis in a fractured rock mass [J]. Interndtional journal of Rock Mechanics & Mining Sciences & Geomechanics Abstracts,2000,37(1-2):89-106.
- [62] 柴军瑞. 混凝土坝渗流场与稳定温度场耦合分析的数学模型[J]. 水力发电学报,2000(1):27-35.
- [63] 官兵. 水平井压裂储层应力场扰动规律研究[D]. 长春:东北石油大学,2016.
- [64] 许增光,杨雪敏,柴军瑞. 考虑水流温度影响的三维岩体裂隙网络非稳定渗流场数值分析[J]. 水资源与水工程学报,2014,25(2):42-45.
- [65] 林绍忠. 对称逐步超松弛预处理共轭梯度法的改进迭代格式[J]. 数值计算与计算机应用,1997(4):266-270.
- [66] CHUI T F M, FREYBERG D L. The use of COMSOL for integrated

hydrological modeling [C]//Proceeding of COMSOL Conferece. Boston, 2007:217-223.

[67] 徐轶,徐青. 基于COMSOL Multiphysics 的渗流有限元分析[J]. 武汉大学学报:工学版,2014,47(2):165-170.

[68] 王恩志,王洪涛,王慧明."以缝代井列"——排水孔幕模拟方法探讨[J]. 岩石力学与工程学报,2002,21(1):98-101.

[69] 杜京浓,宋汉周,霍吉祥,等. 混凝土重力坝基础排水孔模拟方法对比分析[J]. 勘察科学技术,2015(2):9-13,45.

[70] 方卫华,王润英,杜智浩. 深厚覆盖层上RCC重力坝多场耦合强度折减法[J]. 应用基础与工程科学学报,2020,28(1):40-49.

[71] TANGA C A, THAM L G, LEE P K K, et al. Coupled analysis of flow, stress and damage (FSD) in rock failure [J]. International Journal of Rock Mechanics and Mining Sciences, 2002, 39(4):477-489.

[72] 陈红,闫静,陈珥,等. 红外光水位测量装置及其测量方法[P]. 江苏省:CN 103822690B,2016-08-31.

[73] 杨观止,陈鹏飞,崔新凯,等. NB-IoT综述及性能测试[J]. 计算机工程, 2020,46(1):1-14.

[74] 万雪芬,崔剑,杨义,等. 地下LoRa无线传感器网络的传输测试系统研究[J]. 华南农业大学学报,2018,39(3):118-124.

[75] 单森华,陈佳佳,黄继峰. 基于深度学习的城市内涝水深检测的方法[P]. 福建省:CN109816040A,2019-05-28.

[76] 仲志远. 城市涵洞积水在线预警监控系统的研究[D]. 南京:南京理工大学,2017.

[77] 高琴,王佳豪,张晓康. 基于GSM通信的山区洪水监测预警系统设计[J]. 化工设计通讯,2016,42(4):58-59.